野ばら
ハンドブック

解説 御巫由紀　写真 大作晃一

文一総合出版

世界の野ばら、日本の野ばら

　地球上にはおよそ 150~200 種の野ばら（＝バラ属野生種）があると言われます。分布するのは北半球だけ、温帯が中心です。野ばらを訪ねて世界一周、してみませんか？

中国の野ばら

　野ばらの種類がいちばん多いのは中国です。95 種が自生し、そのうち固有種がなんと 65 種。北西部の新疆ウイグル自治区では、砂漠のカレーズ（地下水路）沿いにロサ・ペルシカ（フルテミア亜属）が自生します。葉は単葉で托葉が無く、黄色い花の中央には赤いブロッチ（斑紋）があるという、ほかとはかなり異なる特徴ゆえに、この 1 種だけバラ属のなかでフルテミア亜属として分けられています。分類学者によってはバラ属の仲間に入れず、フルテミア・ペルシカという別の属の植物として扱う人もいるほどです。このバラはシルクロードに沿って西はイランまで分布します。中国の南西部（四川省、雲南省など）は、まさに野ばらの宝庫。有名なのはロサ・キネンシス・スポンターネアとロサ・ギガンテア（コウシンバラ節）です。この 2 種から生まれた中国のオールドローズが 1800 年頃にヨーロッパへ渡って、チャイナローズやティーローズの祖先となりました。中国で昔から栽培されているイザヨイバラの原種、ロサ・ロクスブルギー・ノルマーリス（サンショウバラ亜属）もあります。バラ属では珍しく花弁も萼片も 4 枚しかないロサ・オメイエンシス（ピンピネリフォリア節）、血のように赤い花を咲かせるロサ・モエジー（ハマナス節）、モッコウバラの原種でニオイスミレのように香るロサ・バンクシアエ・ノルマーリス（モッコウバラ節）もあります。南部（福建省、広東省など）にはナニワイバラ（ナニワ

ロサ・キネンシス・スポンターネア
Rosa chinensis var. *spontanea*

ロサ・ギガンテア
R. gigantea

イバラ節、p.134~136参照）やカカヤンバラ（カカヤンバラ節、p.108~113参照）が自生します。

その他のアジアとアフリカの野ばら

　ミャンマーのエーヤワディー川（旧称イラワジ川）の川岸には、頻繁に増水して水に浸かっても平気で、まるでスイレンのように水面に白い花を咲かせるロサ・クリノフィラ（カカヤンバラ節）があります。インド亜大陸は野ばら空白地帯ですが、南部に1種だけ、ロサ・レシュノールティアナ（ノイバラ節）が見られます。ヒマラヤ山脈を囲む地域には、ロサ・ブルノニー（ノイバラ節）という香りのよい白いつるばらがあり、西アジアやヨーロッパで栽培されるムスクローズの原種だろうと言われています。

　西アジアのイランからトルコ、北はコーカサス山地までの地域では、ロサ・フォエティダ（ピンピネリフォリア節）など、鮮黄色の野ばらが咲きます。アフリカではエチオピアの高地に、世界でいちばん南の野ばら、ロサ・アビッシニカ（ノイバラ節）があります。

ロサ・フォエティダ
R. foetida

ロサ・センペルウィレンス
R. sempervirens

ヨーロッパの野ばら

　ヨーロッパでよく目にするのは、ドッグローズという英名をもつロサ・カニーナ（カニーナ節）。カニーナ節の野ばらは染色体数が35、つまり5倍体（バラ属の基本数は7）で、特殊な減数分裂をします。古くから薬用に利用されたロサ・ガリカ（ガリカ節）は、中欧~南欧に多く自生します。ロサ・ガリカの八重咲き品種や他種との交雑品種などが、ヨーロッパのオールドローズの祖先となりました。北欧やイギリスでは、針のように細い刺のロサ・スピノシッシマ（ピンピネリフォリア節）が自生します。ヨーロッパ全体でノイバラ節の野ばらは2種だけ、ロサ・アルウェンシスとロサ・センペルウィレンスです。

アメリカの野ばら

 アメリカ大陸には、ほかにはない亜属や節の野ばらがあります。東部のロサ・カロリーナ、ロサ・ヴァージニアーナ等はハマナス節に似ていますが、果実が熟すと萼片が落ちることで区別され、カロリーナ節に分類されます。ヘスペロードス亜属の2種、ロサ・ステラータとロサ・ミヌティフォリアは、南西部（テキサス州やカリフォルニア州）の乾燥地、サボテンしか育たないような砂漠に分布しています。

日本の野ばら

 日本には12種3変種1フォルマ、あわせて16の野ばらがあります。ノイバラ節が多いのが特徴で、6種3変種1フォルマはノイバラ節です。このうちノイバラ、テリハノイバラは中国、韓国にも分布し、ヤマイバラは近縁の変種が台湾にありますが、ヤブイバラ、アズマイバラ、モリイバラ、ミヤコイバラ、フジイバラはおそらく日本固有です。ハマナス節では4種のうち、固有種はタカネバラだけ。オオタカネバラは「周北極要素」の植物と言われ、マイナス40度の極寒に耐えて、ロシア、中国、北欧、北米の高緯度地域にも広く分布します。カカヤンバラ（カカヤンバラ節）は石垣島から中国南部、フィリピンという亜熱

壁面にもつく → 　底面だけにつく →

ロサ・カニーナ
R. canina
(sect. *Caninae*)

ロサ・ヴァージニアーナ
R. virginiana
(sect. *Carolinae*)

カニーナ節とカロリーナ節のつぼみ断面比較。萼筒内部で子房がつく位置が異なる。詳細は p.6~7 参照

帯に分布する、世界で最も耐暑性がある野ばらです。気温さえ十分なら一年中、開花し続けます。サンショウバラはバラ属で唯一、高さ5mにも達する木になります。山椒のように小葉の数が多い葉も独特。同じサンショウバラ亜属の近縁種が3種、中国にありますが、サンショウバラは日本の固有種です。

こうしてみると、日本の野ばらもなかなかのもの。憧れは世界一周野ばらの旅ですが、その前にまず日本各地のさまざまな野ばらを、本書を片手にお楽しみください。

R. stellata var. *mirifica*
ロサ・ステラータ・ミリフィカ

16種類の日本の野ばらについては、四季折々の状態でも名前が調べられるように、花と実、葉と枝の写真を掲載しました。重要な区別点となる雌しべや托葉などの写真は、ルーペで見比べられるように拡大してあります。

自然交雑種と伝統園芸品種も、日本で見られる代表的なものをご紹介しています。表情豊かな愛らしいつぼみや、葉の縁に整然と並ぶ鋭い鋸歯など、細部に潜む造形の美しさにも目を向けていただければ幸いです。

[注] バラ属の分類は、ドゥカンドル（スイス 1818）、リンドリー（イギリス 1820）、デュモルティエ（ベルギー 1824）、クレパン（ベルギー 1889）などが、さまざまな方法を試みました。1940年にレーダー（アメリカ）が発表した、バラ属を4亜属に分け、そのうち1亜属を10節に分けるという分類（p.6~7参照）が、ようやく広く受け入れられて、現在に至っています。遺伝子解析等の手法でいつか属内の類縁関係がすっきり解明されるまで、まだしばらくはこの分類が活用されるだろうと考えて、本書ではレーダー（1940）の分類を用いています。

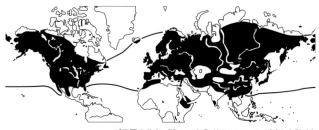

バラ属の分布（"Roses" G. Krüssmann, 1981を改変）

〈世界の野ばら〉バラ属の亜属と節への検索表

A. 葉は単葉で托葉なし。花は黄色
　　　　　　　　　………**フルテミア亜属**（subgenus *Hulthemia*）
A. 葉は羽状複葉で托葉あり
　B. 萼筒は無毛または剛毛があり、
　　痩果は萼筒内部の壁面と底面（カロリナ節では底面のみ）につく
　　　　　　　　　………**バラ亜属**（subgenus *Rosa* (*Eurosa*)）
　　C. 托葉は葉柄に約半分まで沿着し、宿存する
　　　D. 花柱はわずかに突出、または突出せず、柱頭で萼筒の喉部をふさぐ
　　　　E. 花は単生で苞葉はなく、まれに数個の花をつける
　　　　　F. 小葉は 5〜9 個またはそれ以上。花は通常、白色または黄色
　　　　　　　………**ピンピネリフォリア節**
　　　　　　　（sect. *Pimpinellifoliae*）〈写真①〉
　　　　　F. 小葉は 3〜5 個。花は通常桃色または紅色
　　　　　　　………**ガリカ節**（sect. *Gallicanae*）
　　　　E. 花は散房花序で、単生の場合は苞葉がある。
　　　　　小葉は通常 5〜11 個
　　　　　F. 茎には通常、強い鈎状の刺があり、腺の
　　　　　　ある剛毛が混じることもある。外側の
　　　　　　萼片には通常、羽状の裂片がある
　　　　　　………**カニーナ節**（sect. *Caninae*）〈写真②〉
　　　　　F. 茎には通常、まっすぐな刺と剛毛がある。
　　　　　　萼片は通常、全縁
　　　　　　G. 萼片は開花後に広がり、落ちる。痩果は萼筒内部
　　　　　　　の底面だけにつく
　　　　　　　………**カロリーナ節**（sect. *Carolinae*）〈写真③〉
　　　　　　G. 萼片は開花後に直立し、通常、宿存する。痩果
　　　　　　　は萼筒内部の壁面と底面につく
　　　　　　　…**ハマナス節**（sect. *Rosa* (*Cinnamomeae*)）＊
　　　D. 花柱は突出する
　　　　E. 花柱は 1 本の柱状に合着し、通常、雄しべと同じ位
　　　　　の長さ
　　　　　………**ノイバラ節**（sect. *Synstylae*）〈写真④〉
　　　　E. 花柱は合着せず、雄しべの
　　　　　約半分の長さ。小葉は通常
　　　　　3〜5 個
　　　　　……**コウシンバラ節**（sect.
　　　　　Chineneses (*Indicae*)）＊
　　　　　〈写真⑤〉

C. 托葉は葉柄に沿着しないか、わず
 かに沿着し、早落する
 D. 枝は無毛、小葉は 3〜5 個
  E. 小花柄と萼筒は無毛。花は小
   さく散形花序をなし、黄色
   または白色。托葉は線形
   ………**モッコウバラ節**
   (sect. *Banksianae*) 〈写真⑥〉
  E. 小花柄と萼筒はまっすぐな剛
   毛が密生し、花は大きく単生
   で白色。托葉は細鋸歯状
   ………**ナニワイバラ節** (sect. *Laevigatae*) 〈写真⑦〉
 D. 枝は綿毛が密生し腺毛が混じる。小葉は 7〜9 個。托葉は羽状。
  花は単生または 2〜3 個で花序をなし、基部に大きな苞葉がある
  ………**カカヤンバラ節** (sect. *Bracteatae*) 〈写真⑧〉

⑥　⑦　⑧

B. 萼筒は刺に覆われ、瘦果は萼筒
 内部の底面のみにつく
 C. 小葉は 7〜15 個。瘦果は萼筒
  内部のわずかにもりあがった底
  面につく
  ………**サンショウバラ亜属**
  (subgenus *Platyrhodon*)
  〈写真⑨〉
 C. 小葉は 3〜7 個。花は花盤がな
  い。瘦果は萼筒内部の円錐形に
  もりあがった底面につく
  ………**ヘスペロードス亜属**
  (subgenus *Hesperhodos*)
  〈写真⑩〉

［注］ A・レーダー (Alfred Rehder, 1940) を一部改変。ただし＊で示したハマ
ナス節およびコウシンバラ節の sect. *Rosa* および sect. *Chinenses* は、G・
ロシュ (Gisèle de la Roche, 1978) による改称。

〈日本の野ばら〉バラ属の種と変種への検索表

A. 小葉は 3~9 個。果実は無毛か、腺毛または綿毛があり、刺は無い。痩果は果実内部の底面および側面につく ……………………**バラ亜属**
 B. 托葉は葉柄に沿着する
  C. 花柱は互いに合着して柱状になり、雄しべと同長。花は小さく径 1~5cm で白色、まれに桃色。萼裂片は果時には脱落する。小葉は 3~9 個……………………………………………………………**ノイバラ節**
  D. 花柱は無毛、花は白色または桃色で、花序は円錐花序。小葉は 7~9 個。托葉は腺毛があり細く深く裂ける
   E. 葉裏と葉軸に軟毛がある。葉軸の基部と托葉には腺毛があることが多い。花は白色ときに淡桃色を帯び、小さく、径 2~2.5cm ……………………………………………… **S1-1. ノイバラ**
   E. 葉軸と小花柄、萼片の外側は赤っぽい腺毛で覆われる。花は淡桃色~濃桃色、大きめで径 2.5~4cm　**S1-2. ツクシイバラ**
  D. 花柱は有毛、花は白色で、花序は散房花序、円錐花序、または単生。小葉は 3~9 個。托葉は全縁または腺歯牙縁
   E. 花は大きく、径 4~5cm、大きな散房花序または複散房花序になる。小花柄は長く、長さ 3~5cm、腺毛と軟毛がある。萼片は卵状披針形で伸長し、長さ 1.5~2cm、小葉は 3~5 個。托葉は幅がせまくて全縁 ………………………… **S2. ヤマイバラ**
   E. 花は小さく、径 3.5cm 以下、円錐花序、または単生
    F. 枝は稲妻形に伸び長く匍匐し、多くの側枝を出す。花径は 2.5~3.5cm で円錐花序。小葉は 7~9 個、鋸歯は粗い。苞も托葉も幅広く、緑色で鋸歯がある
     G. 春だけに開花する
      H. 小花柄、萼筒、萼表面は無毛…………………………
………………………………………… **S3-1. テリハノイバラ**
      H. 小花柄、萼筒、萼表面は腺毛で覆われる …………
…………………………… **S3-2. リュウキュウテリハノイバラ**
     G. 春と秋に開花する。小花柄、萼筒、萼表面は無毛 ……
……………………………… **S3-3. ヨナグニテリハノイバラ**
    F. 枝は直立または斜上し、側枝は長く伸びる。花径は 1.5~3cm で円錐花序、または単生
     G. 小葉は 5~7 個、頂小葉は側小葉よりやや大きい
      H. 頂小葉は卵状披針形から披針形で、葉軸と葉裏の主脈上は伏毛で覆われる。小花柄、萼筒、萼表面は伏毛に腺毛が混じる。花径は約 1.5cm で円錐花序 …………
……………………………………………… **S4-1. ヤブイバラ**
      H. 頂小葉は卵状楕円形で、葉軸は無毛。花径は 2~3cm
       I. 花序は円錐花序。小花柄は長さ 1~2cm で無毛 …
…………………………………………… **S4-2. アズマイバラ**

   I. 花は単生、稀に 2 個の花が側枝に頂生、稀に腋生する。
    花柄は太く、長さ 1.5~3cm で腺毛がある …………
    ……………………………………… **S4-3. モリイバラ**
  G. 小葉は 7~9 個、頂小葉は側小葉と同大。花序は円錐花序
   H. 小花柄は腺毛がある株とない株がある。果実は径
    6~8mm でやや扁球形。枝は初め上方に伸びるが翌年
    にはアーチ状に横になる ……… **S5. ミヤコイバラ**
   H. 小花柄は無毛。果実は径 8~9mm で卵球形、幹は太く
    直径 10~20cm ほどにもなり直立し、小高木状。密に
    枝分かれする ………………… **S6. フジイバラ**
 C. 花柱は離生して萼筒からわずかに突き出し喉部をふさぐ。花は大
  きく、径 3.5~9cm で深紫紅色から淡紅紫色。萼片は果時には直
  立して宿存する。小葉は 5~9 個 ……………………**ハマナス節**
  D. 枝は太く、軟毛と刺があり、刺自体にも軟毛が密生する。花は
   深紫紅色で径 6~9cm。果実は扁球形で大きく、径 2~3cm。小
   葉は 7~9 個、楕円形で厚く、しわがあり、葉裏に軟毛と腺点が
   ある ………………………………………… **S7. ハマナス**
  D. 枝は無毛、またはほぼ無毛で刺がある。刺自体も無毛。針のよ
   うな細い刺が徒長枝には多いが、のちに脱落し、側枝には少な
   い。花は紫紅色から淡紅紫色で径 3.5~5cm
   E. 果実（萼筒）は球形または卵形、長さ 1.2~1.3cm。小花柄は
    やや短く、長さ 1~1.5cm で無毛。小葉は 5~9 個、葉柄基部
    の 1 対の刺は細いが明らかである。花径 4~5cm …………
    ……………………………………… **S8. カラフトイバラ**
   E. 果実（萼筒）は倒卵状紡錘形、長さ 1.5~3.5cm。小花柄は長く、
    長さ 2~4cm で腺毛が散生する。
    F. 小葉は 5~7 個、楕円形または長楕円形で先は尖り、長さ
     6.5cm、幅 3.5cm に達する。鋸歯は卵形、急尖頭で粗い。
     花柄は 3~4cm で、花径 4~5cm …………………………
     ………………………………… **S9. オオタカネバラ**
    F. 小葉は 7~9 個、楕円形または長楕円形、円頭で薄く、長さ
     2~3.5cm、幅は狭く 1~1.7cm。鋸歯は細くて数が多い。
     花柄は 2~3cm で細い。花径 3.5~4cm …………………
     ……………………………………… **S10. タカネバラ**
 B. 托葉は葉柄に沿着しない。枝は綿毛があり、小葉は 7~9 個、花には
  大きな苞葉がある ………… **カカヤンバラ節　S11. カカヤンバラ**
A. 小葉は 9~19 個。果実は無毛だが全面に硬い刺がある。痩果は果実内
 部の底面のみにつく。幹は小高木状、樹皮は灰色がかった淡褐色で、
 幹や枝が太くなると剝ける ……………………………………………
 ………………… **サンショウバラ亜属　S12. サンショウバラ**

野ばらの葉 (× 50%)

野ばらの花 (掲載倍率不同)

S1-1 ノイバラ

C5 ショウノスケバラ

S1-2 ツクシイバラ

S2 ヤマイバラ

S3-1 テリハノイバラ

C7 チョウジザキ
テリハノイバラ

S3-2 リュウキュウ
テリハノイバラ

S3-3 ヨナグニ
テリハノイバラ

S4-1 ヤブイバラ

S4-2 アズマイバラ

S4-3 モリイバラ

S5 ミヤコイバラ

野ばらの実 (× 1.0)

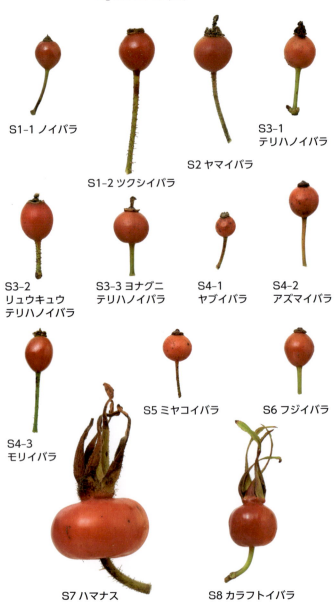

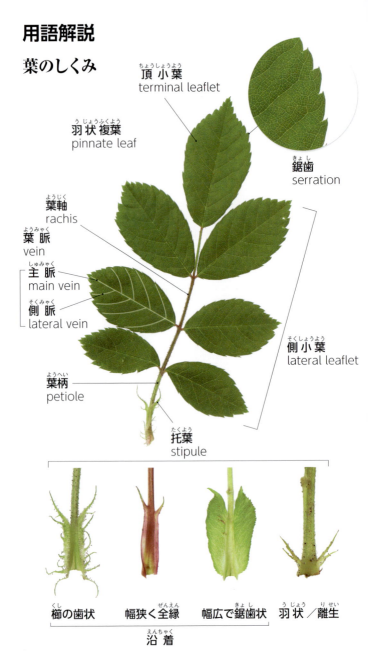

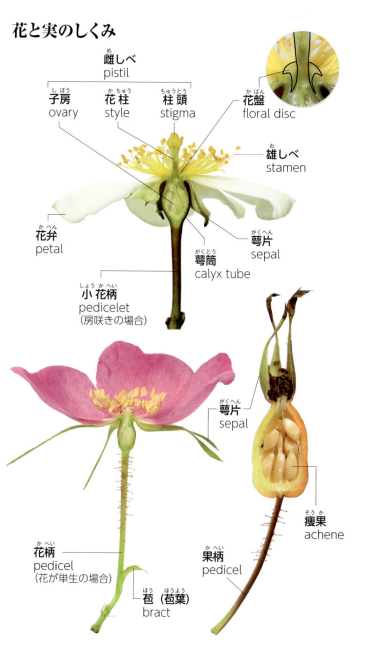

花と実のしくみ

花序（果序）の種類

単生
solitary

円錐花序
panicle

散形花序
umbel

一点から放射状にほぼ同長の小花柄が出る

散房花序
corymb

花序の下部から先端に向かって花が咲く

集散花序
cyme

枝先に最初の花が咲き、次の花は花序の下の方へ順に咲く

毛の種類

綿毛
short matted hair

軟毛
soft hair

腺毛
glandular hair

伏毛
appressed hair

腺点
gland, glandular dot

本書の使い方

本書は日本に自生するバラ科バラ属全種とその変種・自然交雑種および江戸時代以前から栽培されている伝統園芸品種、計34種類を紹介した図鑑です。p.8～9の検索表やp.10～15の葉・花・実一覧で特徴がよく似た種類を探し、p.20～147で詳細を調べて目的の種類を確認してください。

掲載方法
原則として1種6ページで紹介。自然交雑種や伝統園芸品種は1～3ページで紹介した。

掲載区分
日本の野生種、自然交雑種、伝統園芸品種の順に区分し、その中で分類順に配列した。

❶ ID番号
掲載種の和名の前に付した。S=野生種、H=自然交雑種、C=伝統園芸品種、枝番は変種やフォルマを示す。

❷名称
和名（別名）と学名、学名の著者および原記載文献の名を記した。

❸基本情報
分＝分布、自＝自生環境、生＝生活型や全形、花＝開花期

❹分布図
分布する都道府県別に色づけした。

❺部分写真
著者が典型と思う個体から撮影したが、大きさや形に変異があるものがある。葉の背景にシルエットがある場合、葉の原寸大を示す。

❻生態写真
上部に開花期を、下部に果実期を示す写真を掲載し、撮影地と撮影年月日、撮影者をそれぞれ記した。撮影者の名がないものはすべて大作晃一の撮影による。

❼コラム
野生種の末尾すべての他、適宜、種を特徴づける記事やエピソードを紹介した。

■ バラ亜属 subgenus *Rosa* / ノイバラ節 sect. *Synstylae*

S1-1 ノイバラ

■ *Rosa multiflora* Thunb. var. *multiflora*
（異名 = *R. polyantha* Siebold et Zucc.）
原記載：ツンベリー（スウェーデン）
　　　　Sys. Veg. ed. 14：474 (1784)
■ 基準産地：日本

枝ははじめ上方に伸びるが、翌年にはアーチ状に横になり、そこから新しい枝を伸ばし開花する

- 分 北海道（南西部）、本州、四国、九州／朝鮮半島、中国
- 目 川原や林縁など明るい場所に多い
- 生 落葉低木、ふつう高さ 1〜2 m。他の木などによりかかって這い登ることもある
- 花 関東の平地で 5 月中旬

ノイバラ *Rosa multiflora* var. *multiflora*

花序：円錐花序
花径：2~2.5 cm
花色：白色、稀に淡桃色
芳香：強い
花の数：数~100個

1cm

花柱は合着し1本の柱状になって突出し、表面は無毛

萼片は卵状披針形、長さ0.5~1 cm、軟毛がある。腺毛が目立つこともある

萼片内側は短い綿毛で覆われる

小花柄は長さ1~1.5 cm。軟毛で覆われた腺毛が混じることもある

萼片の縁に1~2の小さな裂片がある

萼筒は軟毛がある

■ バラ亜属 subgenus *Rosa* / ノイバラ節 sect. *Synstylae*

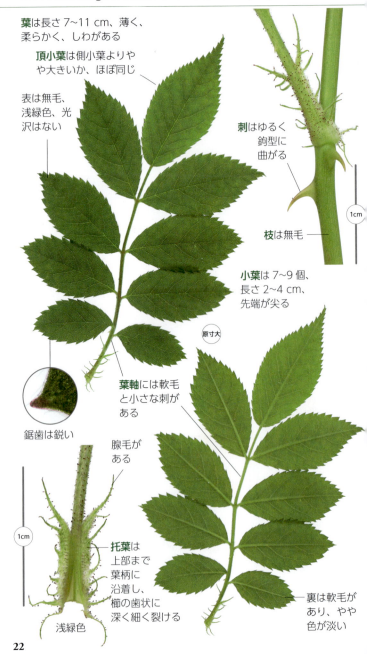

ノイバラ Rosa multiflora var. multiflora

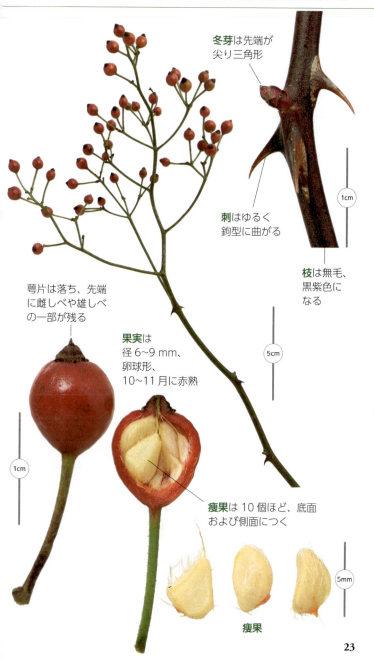

冬芽は先端が尖り三角形

刺はゆるく鉤型に曲がる

枝は無毛、黒紫色になる

萼片は落ち、先端に雌しべや雄しべの一部が残る

果実は径 6〜9 mm、卵球形、10〜11 月に赤熟

痩果は 10 個ほど、底面および側面につく

痩果

■ バラ亜属 subgenus *Rosa* / ノイバラ節 sect. *Synstylae*

水辺の明るい土手などを好む。ほかの木などによりかかって這い登ることもある。(千葉県印西市山田 印旛捷水路 2016年5月13日)

ノイバラの実は「営実(えいじつ)」の名で漢方薬として用いられる。効能は利尿など。(千葉県君津市黄和田畑 2017年11月11日 撮影／御巫由紀)

ノイバラ Rosa multiflora var. multiflora

本種の特徴

① 花柱は無毛。合着して、萼筒の喉部から長く突き出す
② 托葉が櫛の歯状に裂ける
③ 大きな円錐花序を作り、たくさんの花を咲かせる。
　花色は白、稀にピンク色を帯びることもある
④ 葉は光沢がない
⑤ 園芸品種のバラの台木に用いられる

日本と中国からヨーロッパに渡ったノイバラとその仲間

　ヨーロッパ人によるノイバラの最初の記録は1784年。スウェーデンの分類学者ツュンベリーが、1775年の来日で発見したノイバラを *Rosa multiflora* Thunb. と命名しました。

　英国東インド会社は中国で1804年にロサ・ムルティフローラ・カルネア、1817年にロサ・ムルティフローラ・プラティフィラを手に入れました。花は八重咲きで濃淡のあるピンク色。中国の野生種ロサ・ムルティフローラ・カタエンシス *R. multiflora* var. *cathayensis* Rehder & E.H.Wilson(写真右上)由来の園芸品種と思われます。

　シーボルトは1823~1828年に来日し、帰国後1846年に、ノイバラに *R. polyantha* Siebold & Zucc. と命名しました。標本だけでなく生きた株も持ち帰った可能性がありますが、確かなことはわかりません。

　日本のノイバラがヨーロッパに渡った確かな記録は、幕末、そして明治時代に入ってからとなります。カーチス植物学雑誌(1890)にはノイバラの美しい石版画の解説文に、「今世紀初めからこのバラの八重咲き品種は栽培されているが、一重咲きの野生種を見られるようになったのは、最近15年ほどのことである」とあります。

　1878年には長崎で生け垣に植えられていたというバラが英国に送られ、'ターナーズ・クリムズン・ランブラー'と命名されました。托葉の形などからあきらかにノイバラの仲間ですが、花は鮮やかな赤紫色の八重咲きで、中国の園芸品種が日本で栽培されていたものだと思われます。

　こうしてヨーロッパに渡った日本のノイバラと、中国のロサ・ムルティフローラ・カタエンシス由来の園芸品種は交配育種の親として用いられ、四季咲きで矮性のポリアンタ系統や、一季咲きでつる性のハイブリッドムルティフローラ系統など数々の園芸品種の親となりました。そして、多くの現代バラに「多花性」や「つる性」という特性が受け継がれています。

■ バラ亜属 subgenus *Rosa* / ノイバラ節 sect. *Synstylae*

S1-2 ツクシイバラ

Rosa multiflora Thunb. var. *adenochaeta* (Koidz.) Ohwi ex H.Ohba
原記載：大場秀章 Flora of Japan IIb : 171 (2001)
基準産地：熊本県球磨郡あさぎり町

枝ははじめ上方に伸びるが、翌年にはアーチ状に横になり、そこから新しい枝を伸ばし開花する。全体にノイバラより大きい

分 九州、四国（徳島県）
自 落葉低木、高さ 1.5～2 m
生 肥沃で水分が多く明るい川原に多い
花 5月下旬～6月初旬

ツクシイバラ *Rosa multiflora* var. *adenochaeta*

花序：円錐花序
花径：2.5〜4 cm
花色：淡桃色〜濃桃色
芳香：強い
花の数：数〜100 個

花柱は合着して1本の柱状になり突出するが、少しばらけた状態のこともある。花柱表面は無毛

萼片は卵状披針形、長さ1〜1.2 cm 萼片内側は短い綿毛で覆われる

小花柄は長さ1.5〜2.5 cm。赤みを帯びた腺毛が密生する

縁に1〜2の小さな裂片がある

萼片表面には赤みを帯びた腺毛が密生する

■ バラ亜属 subgenus *Rosa* / ノイバラ節 sect. *Synstylae*

- **葉**はノイバラより大きく、長さ 10〜18 cm、薄く柔らかい
- **頂小葉**は側小葉よりやや大きいか、ほぼ同じ
- 表は無毛、黄緑色、光沢がある
- 鋸歯は鋭い
- **刺**はゆるく鉤型に曲がる
- **枝**は無毛
- **小葉**は 7〜9 個、長さ 3〜5 cm、先端が尖る
- **葉軸**には腺毛と小さな刺がある
- **托葉**は黄緑色、上部まで葉柄に沿着、櫛の歯状に深く細く裂け、腺毛がある
- 裏は軟毛少なく、やや色が淡い

ツクシイバラ *Rosa multiflora* var. *adenochaeta*

冬芽は先端が尖り三角形になる

刺はゆるく鉤型に曲がるものもあるが、直立することが多い

枝は無毛、黒紫色になる

萼片は落ち、先端に雌しべや雄しべの一部が残る

果実は径7〜10 mm、卵球形、10〜11月に赤熟

痩果は10個ほど、底面および側面につく

痩果

■ バラ亜属 subgenus *Rosa* / ノイバラ節 sect. *Synstylae*

自生地のツクシイバラは、白に近い淡桃色から濃桃色まで株によって花色に変異がある。(熊本県球磨郡あさぎり町 球磨川河畔 2004年5月26日 撮影／御巫由紀)

葉を残したまま冬を越すこともあり、球磨川では冬枯れの河川敷にツクシイバラの葉の緑が目立つ。(熊本県球磨郡錦町木上南 球磨川河畔 2018年12月12日 撮影／山口啓二)

ツクシイバラ Rosa multiflora var. adenochaeta

本種の特徴

① 花柱は無毛。合着して、萼筒の喉部から長く突き出す
② 托葉が櫛の歯状に裂ける
③ 大きな円錐花序を作り、たくさんの花を咲かせる。花色は淡桃色～濃桃色までさまざま
④ 葉は光沢がある
⑤ 園芸品種のバラの台木に用いられる

最大の自生地は球磨川流域（熊本県）

　ツクシイバラはノイバラの変種とされていて、花柱表面が無毛なことや托葉の形はノイバラと共通しています。しかし、小花柄に腺毛が密生し、葉は光沢があり、全体にノイバラより大きく開花期が遅い、など、ノイバラとは異なる点も多くあります。花色変異の幅も広いため、単なる変種ではなく、雑種起源のバラではないかと疑いたくなります。

　植物の学名の基準となった標本をタイプ標本と呼びますが、ツクシイバラのタイプ標本には、作ったときに情報が書き込まれた新聞紙と、その後つけられたラベルが貼られています。新聞紙には「ツクシサクラバラ R. adenochaeta Koidz. n. sp.（n. sp. は「新種」の意味）」、ラベルには「Rosa multiflora var. adenochaeta ツクシイバラ」とあり、採集データは「肥後　球磨郡上村　大正6年（1917）6月9日　前原勘次郎」となっています（「球磨郡上村」は現在の熊本県球磨郡あさぎり町、球磨川支流の免田川沿い）。

　ツクシイバラは、もともと九州各地に広く分布していたようですが、大規模河川改修などで自生地が失われてしまったと考えられます。最大の自生地である熊本県人吉盆地の球磨川流域も、一時は掘り取られたりして数が減り、2004年には熊本県のレッドデータブックで絶滅危惧Ⅱ類とされていました。2006年頃から自生地保全の取り組みが熱心に行われて個体数が回復し、現在は絶滅危惧のランクが下がって準絶滅危惧種となっています。宮崎県では大淀川等に自生しますが、テリハノイバラとの交雑が進んでいて、探しても、本来のツクシイバラはなかなかみつかりません。四国では徳島県南部で、おそらく自生と思われるツクシイバラがわずかに見られます。

　ツクシイバラは園芸品種のバラの台木に用いられますので、自然界で目にしても、逸出か自生かの判断に悩むことがよくあります。

■ バラ亜属 subgenus *Rosa* / ノイバラ節 sect. *Synstylae*

S2 ヤマイバラ

Rosa sambucina Koidz.
原記載：小泉源一（日本）Bot. Mag. Tokyo 31：130 (1917)
基準産地：岡山県新見市

つる性で、鉤型の強い刺で枝を支えながら、近くの木や崖などをよじ登る

苞は狭披針形で腺歯縁、早落する

分 本州（静岡県以西）、四国、九州／台湾（変種）
自 山地の川沿いの斜面林に多いが、海岸の崖でも見られる
生 落葉低木、つる性、長さ10m以上
花 5~6月

ヤマイバラ Rosa sambucina

花序：散房花序または複散房花序
花径：4～5 cm
花色：白色
芳香：強い
花の数：1～20 個

1cm

花柱は合着して1本の柱状になって突出し、表面は綿毛で覆われる

花盤は幅が広で、雌しべと雄しべが離れて見える

萼片は卵状披針形、長さ 1.5～2 cm、ほぼ全縁だが、わずかに小さな裂片がある。萼片内側は短い綿毛で覆われる

小花柄は長く、長さ 3～5 cm。腺毛と軟毛がある

萼片と萼筒に腺毛と軟毛がある

柱頭部分が花柱より長い

■ バラ亜属 subgenus *Rosa* / ノイバラ節 sect. *Synstylae*

葉は先が鋭く尖った長楕円形、長さ8〜15 cm、厚みがあり、革質

表は無毛、鮮緑色、光沢がある

頂小葉は側小葉より大きい

刺は強く鉤型に曲がる

枝は無毛

葉軸は無毛

小葉は3〜5個、長さ5〜8 cm、先端が尖り、鋸歯は鋭い

厚みがあり革質

托葉

新葉では葉軸とともに赤く、やがて淡緑色になる

葉軸は無毛

全縁だが縁には軟毛とまばらな腺点がある

幅が狭く、上部まで葉柄に沿着する

裏は無毛、やや色が淡い

ヤマイバラ Rosa sambucina

■ バラ亜属 subgenus *Rosa* / ノイバラ節 sect. *Synstylae*

まわりの木々を覆うように勢いよくつるを伸ばし、香りのよい白い花を咲かせる。(岐阜県多治見市　2009 年 5 月 24 日　撮影／御巫由紀)

山間部だけでなく、海岸の林にも自生する。風が強いところでも頑丈な鉤型の刺で枝を固定できる。(広島県廿日市市宮島　2017 年 12 月 4 日　撮影／内田慎治)

ヤマイバラ Rosa sambucina

本種の特徴

① 花柱は有毛。合着して、萼筒の喉部から長く突き出す
② 日本のノイバラ節で最大の花、小葉数は3〜5個、托葉は幅が狭い
③ 十数mにまで伸びるつる性で、鉤型の強い刺で枝を支えながら木などをのぼり、明るい方へ枝を伸ばして花を咲かせる
④ 花は、散房花序または複散房花序になり、よい香り
⑤ 愛知県以西に分布する

日本のどの野ばらにもまったく似ていないヤマイバラ

東海地方以西の山地の沢沿いや海岸近くの森で、十数mにまで枝を伸ばす日本最大のつる性の野ばら。日本のノイバラ節のバラとしては形態的にも生態的にも独特で、森の暗い地面に芽を出して、頑丈な鉤型のトゲでまわりの木にしがみつきながら上へ上へと登り、てっぺんまで到達したらそこから木々の表面を覆うように、下に向かって枝を広げます。

くす玉のように咲く白い花がその枝に連なるさまは圧巻です。花は香りがよく、川の向こう岸など離れた場所からでも感じられます。香気成分を分析すると、バラ属植物では珍しいフェニルアセトアルデヒドというフルーティーな香り成分が、多量に検出されます。

大正から昭和にかけて活躍した日本の植物分類学者、牧野富太郎と小泉源一はかつて、ヤマイバラに *Rosa moschata* という学名を当てていましたが、1917年の論文で初めて小泉源一が、ヤマイバラを新種として記載し、*Rosa sambucina* Koidz. の名前を与えました。

論文の中で小泉は、「ヤマイバラは *R. brunonii* によく似るが、葉は小葉数が5枚で毛が少ない」としています。*R. brunonii* はヒマラヤ原産で *R. moschata* の野生種ではないかと言われているバラです。日本の野ばらのどれとも似ていないヤマイバラですが、*R. brunonii* とは枝の伸ばし方や花・葉の大きさだけでなく、花の着き方が散房花序または複散房花序である点、柱頭が雌しべの長さの半分くらいまで長くなる点もよく似ています。台湾には近縁の変種 var. *pubescens* Koidz. があります。

ヤマイバラを用いた園芸品種の交配育種は行われていませんが、新しいタイプの強健なつるばら品種の親となる可能性は大いにあります。

■ バラ亜属 subgenus *Rosa* / ノイバラ節 sect. *Synstylae*

S3-1 テリハノイバラ

Rosa luciae Franch. & Rochebr. ex Crép.（異名 = *R. wichuraiana* Crép.）
原記載：クレパン（ベルギー） Bull. Soc. Roy. Bot. Belgique 10：324 (1871)
基準産地：神奈川県横須賀市

苞は幅広く、先端が尖った広披針形で鋸歯縁

分 本州、四国、九州／朝鮮半島、中国、台湾
自 海岸や川原、山地などの、日照がよく風の強いところ
生 落葉低木、長さ 2〜5 m、枝は立ち上がらず地を這う
花 平地で6月上〜中旬頃

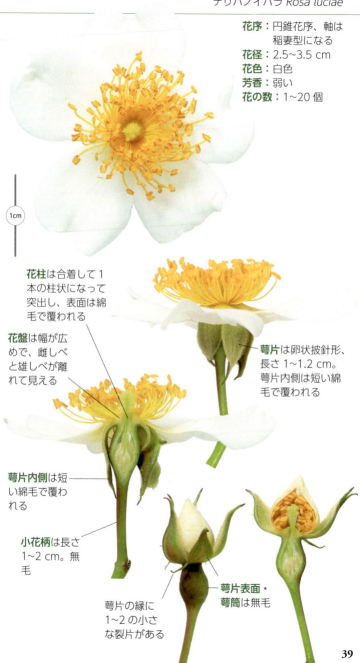

テリハノイバラ Rosa luciae

花序：円錐花序、軸は稲妻型になる
花径：2.5〜3.5 cm
花色：白色
芳香：弱い
花の数：1〜20個

花柱は合着して1本の柱状になって突出し、表面は綿毛で覆われる

花盤は幅が広めで、雌しべと雄しべが離れて見える

萼片は卵状披針形、長さ1〜1.2 cm。萼片内側は短い綿毛で覆われる

萼片内側は短い綿毛で覆われる

小花柄は長さ1〜2 cm。無毛

萼片の縁に1〜2の小さな裂片がある

萼片表面・萼筒は無毛

■ バラ亜属 subgenus *Rosa* / ノイバラ節 sect. *Synstylae*

葉は長さ 5〜9 cm

小葉は 7〜9 枚、長さ 1〜2 cm、大きさはほぼ同じ、円形ないし広卵形で先端はふつう丸いが、新梢での小葉は先端が尖る

頂小葉も側小葉も丸みのある楕円形または広倒卵形。新梢の葉は先端がやや尖る

刺はゆるく鉤型に曲がる

枝は無毛

表は無毛、濃緑色、著しく光沢がある

鋸歯は粗い

葉軸には腺毛散生、裏側に小さな刺がある

厚みがあり、革質

托葉
上部まで葉柄に沿着する

幅広く、緑色

鋸歯があり、先端に腺がある

裏は無毛、淡緑色

テリハノイバラ *Rosa luciae*

■ バラ亜属 subgenus *Rosa* / ノイバラ節 sect. *Synstylae*

海岸や川原で枝を稲妻型に伸ばして長く匍匐する。側枝は直立して花序になる。
(神奈川県足柄下郡真鶴町 真鶴半島 2016年6月6日)

テリハノイバラは花や実のサイズに地域差がある。小櫃川河口は、花も実も大きい。
(千葉県木更津市 小櫃川河口 2016年11月29日)

テリハノイバラ Rosa luciae

本種の特徴

① 花柱は有毛。合着して、萼筒の喉部から長く突き出す
② 小花柄、萼筒、萼裂片に腺毛なし（リュウキュウテリハノイバラは腺毛あり）
③ 托葉は切れ込みなし
④ 小葉数は7〜9個
⑤ 日本の野生バラのなかでは開花期が遅く、ノイバラより1ヶ月ほど遅い

誤って広がったテリハノイバラの学名

少し前までどの図鑑を見てもテリハノイバラの学名は *Rosa wichuraiana* Crép. でしたが、今は多くの図鑑が *R. luciae* Franch. et Rochebr. ex Crép. と書くようになっています。

江戸時代が終わりに近づいた1861年に、プロシア政府の使節の一員として植物学者ヴィックラ（M. E. Wichura）が長崎を訪れ、植物標本をベルリンへ持ち帰りました。ベルギーの分類学者クレパンは、その標本を研究していて見慣れないバラがあることに気づき、採集者にちなんで仮名を *R. wichuraiana* としました。

数年後にクレパンは、フランス海軍の医師サヴァチェが日本で採集してパリの分類学者フランシェとロシュブリュヌに託した標本のなかに、ヴィックラの標本と同じバラをみつけました。フランシェらはそれを、サヴァチェ夫人 Lucie Savatier にちなんで *R. luciae* と呼んでおり、クレパンは学名を *R. luciae* Franch. et Rochebr. ex Crép. として1871年に正式発表しました。これがテリハノイバラです。しかしどういうわけかその後、クレパンが最初に考えた *R. wichuraiana* という学名が広まってしまいました。

混乱は日本にも伝わり、長らく *R. wichuraiana* が優勢でしたが、大場秀章氏が2000年の論文で、この誤りに注意するよう呼びかけられ、最近は徐々に正しい表示が増えてきています。

テリハノイバラを使った育種がアメリカで1890年代から始まり、'ミネハハ'（1904）など、照り葉で鮮やかな赤やピンクの花が咲く画期的なつるばらが作られました。1920年代にはイギリスで、'イーズリーズ・ゴールデン・ランブラー'（1932）など黄色系で大きめの花が咲くつるばらが作られました。テリハノイバラの遺伝子を受け継いだ品種は、アーチやパーゴラを覆ってバラ園を立体的に見せるために欠かせない存在です。

■ バラ亜属 subgenus *Rosa* / ノイバラ節 sect. *Synstylae*

S3-2 リュウキュウテリハノイバラ

Rosa luciae Franch. & Rochebr. ex Crép. f. *glandulifera* (Koidz.) H.Ohba
（異名 = *R. wichuraiana* Crép. var. *glandulifera* (Koidz.) Honda）
原記載：大場秀章（日本） in K. Iwats. et al., Fl. Jap. 2b : 172 (2001)
基準産地：沖縄県

九州南部以南には、萼筒や萼片が無毛のテリハノイバラではなく、びっしりと腺毛に覆われたリュウキュウテリハノイバラが自生する

分 九州南部、沖縄
自 海岸や川原などの日照がよく風の強いところ
生 落葉低木、長さ 2〜5 m。枝は立ち上がらず地を這う
花 6月上〜中旬

リュウキュウテリハノイバラ *Rosa luciae* f. *glandulifera*

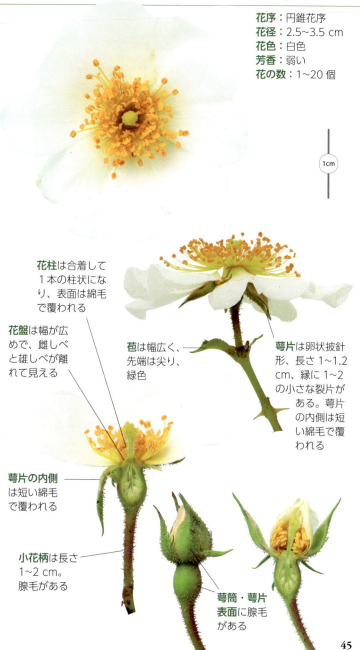

花序：円錐花序
花径：2.5〜3.5 cm
花色：白色
芳香：弱い
花の数：1〜20 個

1cm

花柱は合着して1本の柱状になり、表面は綿毛で覆われる

花盤は幅が広めで、雌しべと雄しべが離れて見える

苞は幅広く、先端は尖り、緑色

萼片は卵状披針形、長さ1〜1.2cm、縁に1〜2の小さな裂片がある。萼片の内側は短い綿毛で覆われる

萼片の内側は短い綿毛で覆われる

小花柄は長さ1〜2 cm。腺毛がある

萼筒・萼片表面に腺毛がある

■ バラ亜属 subgenus *Rosa* / ノイバラ節 sect. *Synstylae*

葉は長さ 5~9 cm

小葉は 7~9 枚、長さ 1~2 cm、大きさはほぼ同じ、円形ないし広卵形で先端はふつう丸いが、新梢での小葉は先端が尖る

表は無毛、濃緑色、著しく光沢がある

鋸歯は粗い

頂小葉も側小葉も丸みのある楕円形または広倒卵形。新梢の葉は先端がやや尖る

刺はゆるく鉤型に曲がる

枝は無毛

葉軸には腺毛散生、裏に小さな刺がある

厚みがあり、革質

托葉

上部まで葉柄に沿着する

幅広く、緑色

鋸歯があり、鋸歯の先端に腺がある

裏は無毛、淡緑色

リュウキュウテリハノイバラ *Rosa luciae* f. *glandulifera*

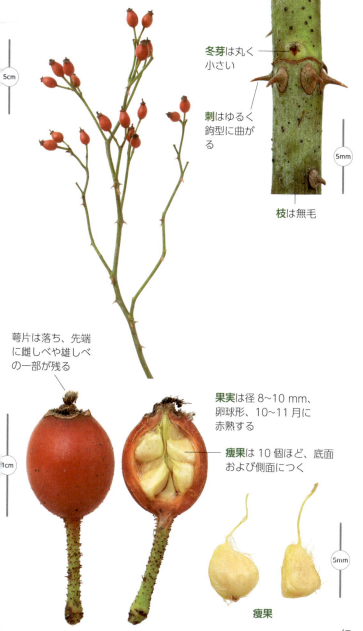

冬芽は丸く小さい

刺はゆるく鉤型に曲がる

枝は無毛

萼片は落ち、先端に雌しべや雄しべの一部が残る

果実は径 8〜10 mm、卵球形、10〜11 月に赤熟する

痩果は 10 個ほど、底面および側面につく

痩果

■ バラ亜属 subgenus *Rosa* / ノイバラ節 sect. *Synstylae*

S3-3 ヨナグニテリハノイバラ

Rosa luciae Franch. & Rochebr. ex Crép. f. *yonaguniensis* (nom. nud.)
未記載

与那国島のテリハノイバラは初夏だけでなく、秋に返り咲きし、花と実を1株で同時に見ることができる。リュウキュウテリハノイバラとは違い、萼筒や萼片に腺毛はない

分 沖縄県与那国島
自 海岸に近い高台の草地
生 落葉低木。長さ 2〜5 m。
　枝は立ち上がらず地を這う
花 6月上〜中旬および 10〜11月

ヨナグニテリハノイバラ *Rosa luciae* f. *yonaguniensis*

花序：円錐花序
花径：3~3.5 cm
花色：白色
芳香：弱い
花の数：1~20個

花柱は合着して1本の柱状になり、表面は綿毛で覆われる

萼片は卵状披針形、縁に1~2の小さな裂片がある。萼片の内側は短い綿毛で覆われる

萼筒・萼片表面は無毛

小花柄は長さ1~2 cm。無毛

■ バラ亜属 subgenus *Rosa* / ノイバラ節 sect. *Synstylae*

小葉は 7〜9 枚、長さ 1〜2 cm、大きさはほぼ同じ、円形ないし広卵形で先端はふつう丸いが、新梢での小葉は先端が尖る

表は無毛、濃緑色、著しく光沢がある

鋸歯は粗い

刺はゆるく鉤型に曲がる

枝は無毛

葉軸には腺毛散生、裏に小さな刺がある

原寸大

厚みがあり、革質

托葉

上部まで葉柄に沿着する

幅広く、緑色

鋸歯があり、鋸歯の先端に腺がある

裏は無毛、淡緑色

ヨナグニテリハノイバラ Rosa luciae f. yonaguniensis

冬芽は丸く小さい

刺はゆるく鉤型に曲がる

枝は無毛

春に咲いた花が結実して赤く実る10月頃、長く伸びた側枝に再び花が咲く

萼片は落ち、先端に雌しべや雄しべの一部が残る

果実は径 8~10 mm、卵球形、10~11 月に赤熟する

痩果は 10 個ほど、底面および側面につく

痩果

■ バラ亜属 subgenus *Rosa* / ノイバラ節 sect. *Synstylae*

S4-1 ヤブイバラ (ニオイイバラ)

Rosa onoei Makino var. *onoei*
原記載：牧野富太郎（日本）Bot. Mag. Tokyo 23 : 147 (1909)
基準産地：日本

苞はやや幅広く、披針形で腺歯縁、早落する

枝ははじめ上方に伸びるが翌年にはアーチ状に横になり、そこから新しい枝を伸ばし開花する。四国の蛇紋岩地帯や屋久島のものは小型で、それぞれイヌニオイイバラ *R. micro-onoei* Nakai、ヤクシマイバラ *R. yakualpina* Nakai et Momiy. と呼ばれたこともある

- 分 本州（南西部）、四国、九州。中央構造線以南（外帯）
- 目 海岸から山地まで、崖や斜面林、林縁など比較的うす暗い場所
- 生 落葉低木、高さ 1～2 m。崖などで長く下がることもある
- 花 5～6 月

ヤブイバラ Rosa onoei var. onoei

冬芽は丸く小さい

刺はゆるく鉤型に曲がる

枝は無毛

果実は径 5~6 mm、ほぼ球形、10~11 月に赤熟、萼片は落ち、先端に雌しべや雄しべの一部が残る

痩果は 10 個ほど、底面および側面につく

痩果

■ バラ亜属 subgenus *Rosa* / ノイバラ節 sect. *Synstylae*

花も葉も小さいが、枝は長く伸び、他の木々に登ってこのような風景になることもある。（大阪府泉南市　2017年5月28日　撮影／平岡 誠）

林縁など明るい場所にある株はよく結実する。（和歌山県伊都郡高野町　2018年10月29日　撮影／御巫由紀）

ヤブイバラ Rosa onoei var. onoei

本種の特徴

① 花柱は有毛。合着して、萼筒の喉部から長く突き出す
② 小葉数は 5~7 個
③ 葉裏の主脈上と葉軸、小花柄、萼筒、萼裂片に伏毛がある
④ 日本の野ばらのなかで花も葉も最も小さい
⑤ 中央構造線以南(外帯)に分布する

日本の野ばらの中で花も葉もいちばん小さいヤブイバラ

　ヤブイバラとはどんなバラかと聞かれたら、まず最初の特徴としては「花も葉も日本でいちばん小さい野ばら」と答えるでしょう。枝は 2~3 m まで伸びるので、株自体が小さいということはありませんが、花径はわずか 1.5 cm、葉長は 4 cm ほどです。

　ルーペで葉の裏側の葉軸や主脈を拡大して見ると、葉の基部から先端に向かって生える、柔らかな伏毛があります。小花柄や萼筒、萼片にも、腺毛に混じって伏毛があります。日本のほかの野ばらにはない特徴なので、この伏毛さえあれば、ヤブイバラを見分けるのは簡単です。

　西日本の山地や海岸の崖に自生します。中央構造線より南、すなわち三重県、奈良県、和歌山県、四国の脊梁山地以南、そして九州に分布する、いわゆるソハヤキ要素の植物です。ソハヤキは漢字で書くと「襲速紀」で、「襲 (そ)」の国 (＝九州南部)、「速吸瀬戸 (はやすいせと＝豊予海峡)」、「紀 (き) の国 (＝和歌山県と三重県南部)」を結んだ線より南に分布する動植物がソハヤキ要素と呼ばれます。かつては小型のヤブイバラ、屋久島のヤクシマイバラ R. yakualpina Nakai et Momiy. と、四国の蛇紋岩地帯のイヌニオイイバラ R. micro-onoei Nakai を別種として分けていましたが、今はどちらもヤブイバラの種内変異と考えられています。

　関東地方ではヤブイバラの変種であるモリイバラやアズマイバラが、ヤブイバラと同じように山地や海岸の崖に自生します。

　別名のニオイイバラは幕末から明治にかけての博物学者、小野職愨 (おの・もとよし 1838~1890) がつけたようですが、花の香りはそれほど強いとは思われません。牧野富太郎は小野職愨にちなんでこのバラに Rosa onoei Makino という学名をつけ、和名をヤブイバラとしました。

■ バラ亜属 subgenus *Rosa* / ノイバラ節 sect. *Synstylae*

S4-2 アズマイバラ（オオフジイバラ、ヤマテリハノイバラ）

Rosa onoei Makino var. *oligantha* (Franch. et Sav.) H.Ohba
（異名 = *R. luciae* Franch. et Rochebr.）
原記載：大場秀章（日本）
　　　　J. Jap. Bot. 75 : 157 (2000)
基準産地：神奈川県横須賀市

枝ははじめ上方に伸びるが、翌年にはアーチ状に横になり、そこから新しい枝を伸ばし開花する。丘陵地で切り通しの道を歩いていて見上げるとアズマイバラ、ということが多い

- 分 本州（福島県以南、愛知県以東。関東南部に多い）
- 自 丘陵地の崖や斜面林、林縁など比較的うす暗い場所に自生する
- 生 落葉低木、高さ 1〜2 m。崖などで長く下がることもある
- 花 平地で 5 月末 〜 6 月初、ノイバラより 2 週間ほど遅い

アズマイバラ Rosa onoei var. oligantha

花序：円錐花序
花径：2〜3 cm
花色：白色
芳香：弱い
花の数：1〜20 個

花柱は合着して1本の柱状になり、表面は綿毛で覆われる

萼片の内側全体と外側の縁に綿毛を密生する

小花柄は長さ1〜2 cm、強くて横に開く。無毛

萼片は卵状披針形、長さ0.8〜1 cm

縁に1〜2の小さな裂片がある

萼筒・萼片表面は無毛

■ バラ亜属 subgenus *Rosa* / ノイバラ節 sect. *Synstylae*

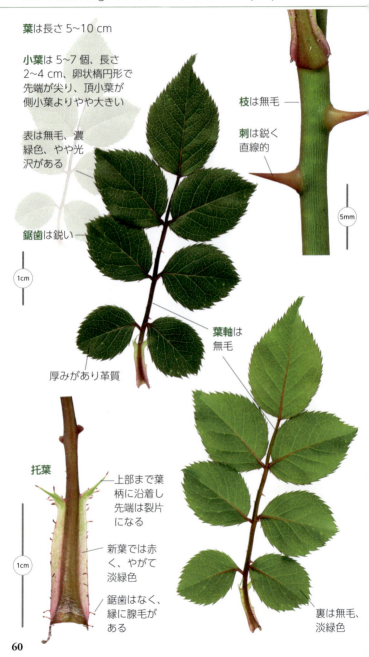

アズマイバラ Rosa onoei var. oligantha

冬芽は丸く小さい
枝は無毛
刺は鋭く直線的

萼片は落ち、先端に雌しべや雄しべの一部が残る

果実は径 6〜8 mm、卵球形、10〜11 月に赤熟する

痩果は 10 個ほど、底面および側面につく

痩果

■ バラ亜属 subgenus *Rosa* / ノイバラ節 sect. *Synstylae*

ヤブイバラの変種だが全体に大きく、花径はヤブイバラの約2倍。
(神奈川県足柄下郡湯河原町 椿ライン　2016年6月6日)

葉にやや光沢があり、ヤマテリハノイバラという別名も納得できる。
(千葉県富津市金谷　2018年10月19日　撮影／御巫由紀)

アズマイバラ Rosa onoei var. oligantha

本種の特徴

① 花柱は有毛。合着して、萼筒の喉部から長く突き出す
② ヤブイバラと同じく小葉数は 5~7 個
③ 枝も小花柄も完全に無毛な点で、ヤブイバラやモリイバラと区別できる
④ 花期はノイバラより 2 週間ほど遅い
⑤ 関東南部に多い

「アズマイバラ」と呼ぶ理由

　アズマイバラは「関東地方に多く自生する野ばら」という意味で、籾山泰一氏によって命名されました。おそらく 1950 年頃のことです。それ以前からこのバラにはオオフジイバラ、ヤマテリハノイバラという和名がありました。

　オオフジイバラというとフジイバラより大きくなりそうですが、花や葉のサイズはほぼ変わりません。他の木に寄りかかったり崖から下がったりするアズマイバラと、幹が直立するフジイバラでは樹形が違いますので、樹高を比べるのは難しいでしょう。オオフジイバラという名が意味するところは不明です。山に生えていて葉に光沢がある野ばらという意味で、ヤマテリハノイバラと呼ばれることも多いようです。ただ、標高が高い場所には自生しませんので、山というより丘陵地の野ばらのイメージです。

　小葉の数に注目すると、フジイバラとテリハノイバラが 7~9 個なのに対して、アズマイバラは 5~7 個。アズマイバラの小葉が 9 個になることはありません。フジイバラやテリハノイバラに近い仲間だと誤解されないように籾山氏は、オオフジイバラ、ヤマテリハノイバラという紛らわしい名を避けて、アズマイバラと名付けられたのかもしれません。

　アズマイバラは、モリイバラとともにヤブイバラの変種です。一般的に野ばらの仲間は明るい道ばたや土手などを好むものですが、ヤブイバラとアズマイバラ、モリイバラは、やや暗い林縁や崖などに自生します。どれも小葉数が 5~7 個ですが、分布が重ならないので見分けに悩むことはありません。しかし、分布が接する地域でこの仲間を見かけたら、念のためルーペで葉裏の脈上や小花柄、萼筒、萼片などをよく見て確認してください。アズマイバラは無毛で、ヤブイバラに見られるような伏毛はありません。モリイバラは花柄に腺毛がありますので、これも区別は簡単です。

■ バラ亜属 subgenus *Rosa* / ノイバラ節 sect. *Synstylae*

S4-3 モリイバラ

Rosa onoei Makino var. *hakonensis* (Franch. et Sav.) H.Ohba
（異名 = *R. jasminoides* Koidz.）
原記載：大場秀章（日本）J. Jap. Bot. 75 : 161 (2000)
基準産地：神奈川県足柄下郡箱根町

枝ははじめ上方に伸びるが翌年にはアーチ状に横になり、そこから新しい枝を伸ばし開花する。ふつう高さ1mほど

花序：単生
花径：2~2.5 cm
花色：白色
芳香：弱い
花の数：1~2個（多肥栽培すると下の葉腋に花をつけ小さな花序になる）

分 本州（関東以西の太平洋側）、四国、九州（主にクリ帯にあり、日本海側には分布しない）
自 関東では標高600~1200 m程度、九州では標高700 m以上の山地に自生する。薄暗い林床に多い
生 落葉低木、高さ1~2 m
花 5~6月

モリイバラ *Rosa onoei* var. *hakonensis*

花柱は合着して1本の柱状になり、表面は綿毛で覆われる

花弁は下向きに反ることが多い

萼片は卵状披針形、長さ0.7〜1 cm。萼片の内側全体と外側の縁に綿毛を密生する

花柄は長さ1.5〜3 cm、太く、やや湾曲して上向する。腺毛が多い

萼片はほぼ全縁だがわずかに小さな裂片がある

萼筒は無毛、萼片の表面の縁に腺毛がある

モリイバラ *Rosa onoei* var. *hakonensis*

冬芽は小さくやや尖る

刺は鋭く直線的

枝は無毛

果実は径 7~11 mm、卵球形、10~11 月に赤熟、萼片は落ち、先端に雌しべや雄しべの一部が残る

痩果は数個、底面および側面につく

痩果

■ バラ亜属 subgenus *Rosa* / ノイバラ節 sect. *Synstylae*

野ばらの仲間では珍しく、やや暗い林床にも自生し、開花する。
(東京都青梅市 御岳山　2017 年 6 月 1 日　撮影／御巫由紀)

単生なので実のつきかたも寂しいが、果径は 1 cm ほどあり意外と大きい。
(東京都青梅市 御岳山　2017 年 11 月 17 日　撮影／御巫由紀)

モリイバラ Rosa onoei var. hakonensis

本種の特徴

① 花柱は有毛。合着して、萼筒の喉部から長く突き出す
② ヤブイバラと同じく小葉数は5〜7個
③ 花が単生で花柄に伏毛はなく腺毛がある点で、ヤブイバラやアズマイバラとは区別できる
④ 葉裏の白さが目立つ
⑤ 標高600m以上の山地に自生する

ノイバラ節の中でいちばん早く咲くモリイバラ

　分布図を見ると西日本ではヤブイバラと、東日本ではアズマイバラと分布が重なりますが、実際にはモリイバラは若干標高が高い地域、たとえば関東では標高600〜1200mのところに自生します。

　標高の低い場所で、ほかのノイバラ節野生種と同じ環境で栽培すると、モリイバラがもっとも早く花をつけます（千葉県の平地では4月下旬〜5月上旬）。自生地は標高が高いので、5月下旬〜6月上旬にかけて開花します。花が単生で花序を作らず、ごく短い当年枝にいきなりつぼみをつけるため、開花までに要する時間が短いのではないかと推測されます。

　小泉源一は、四国の剣山で発見したこの野ばらを1917年に和名モリイバラ、学名 *Rosa jasminoides* Koidz. として発表しました。どこがジャスミンに似ていて［*jasminoides*］と命名されたのかは、原記載を見ても不明です。

　意味はわからないながらも覚えやすくてよい名前でしたが、2000年に大場秀章氏により、*R. onoei* Makino var. *hakonensis* (Franch. et Sav.) H.Ohba という学名に改められました。標本調査の結果、1873年にフランス海軍の医師サヴァチェが、箱根で採集した標本をもとにパリの分類学者フランシェが *R. luciae* var. *hakonensis* と命名した野ばらとモリイバラが同一であるとわかり、大場氏が整理してヤブイバラ（*R. onoei*）の変種として正式に命名・発表されたのです。

　モリイバラはヤブイバラの変種ですが、葉裏の脈上や小花柄、萼筒、萼片等に伏毛はありません。しかしアズマイバラのように無毛ではなく、花柄には腺毛を密生するのが特徴です。

■ バラ亜属 subgenus *Rosa* / ノイバラ節 sect. *Synstylae*

S5 ミヤコイバラ

■ *Rosa paniculigera* (Makino ex Koidz.) Momiy.
原記載：籾山泰一（日本）Acta Phytotax. Geobot. 20 : 26 (1962)
基準産地：岡山県高梁市津川町狐谷

枝ははじめ上方に伸びるが翌年にはアーチ状に横になり、そこから新しい枝を伸ばし開花する

- 分 本州（太平洋岸は静岡県以西、日本海側は新潟県以西）、四国、九州。中央構造線以北（内帯）に分布する
- 自 丘陵地、低山地によく見られ、比較的乾いたところに多い
- 生 落葉低木、ふつう高さ2mほど
- 花 5月末～6月

ミヤコイバラ *Rosa paniculigera*

花序：円錐花序
花径：2〜3 cm
花色：白色
芳香：弱い
花の数：数〜20個

花柱は合着して1本の柱状になり、表面は綿毛で覆われる

小花柄は長さ約1.5 cm、細く、やや湾曲して上向する。腺毛がある株とない株がある

萼片の内側全体と外側の縁に綿毛を密生する

萼筒・萼片の表面は無毛

萼片は卵状披針形、長さ0.8〜1 cm、縁に腺毛がある

■ バラ亜属 subgenus *Rosa* / ノイバラ節 sect. *Synstylae*

葉は長さ 5 ～ 10 cm

小葉は 7～9 個、長さ 2~3 cm、倒卵状楕円形または長楕円形で頂小葉は先端が尖り、側小葉は鈍円頭になることが多い。頂小葉が側小葉よりやや大きいか、ほぼ同じ

表は無毛、鮮緑色、光沢は少ない

鋸歯は鋭い

側小葉は鈍円頭

刺は鉤型に曲がる。刺だけでなく腺毛を多生することもある

枝は腺毛がある株とない株がある

葉軸は腺毛と小さな刺がある

托葉
上部まで葉柄に沿着し先端は裂片になる

新葉では赤みがかり、やがて淡緑色

鋸歯はなく、縁に腺毛がある

裏は無毛、淡緑色

ミヤコイバラ *Rosa paniculigera*

冬芽は丸く小さい

5mm

刺は鉤型に曲がる

枝は腺毛がある株とない株がある。腺毛がある株でも冬には落ちてあとだけが残る場合が多い

原寸大

萼片は落ち、先端に雌しべや雄しべの一部が残る

果実は径6〜8 mm、やや扁球形、10〜11月に赤熟する

痩果は10個ほど、底面および側面につく

1cm

5mm

痩果

■ バラ亜属 subgenus *Rosa* / ノイバラ節 sect. *Synstylae*

ノイバラより 10 日～2 週間ほど遅れて開花する。1 花序につく花数が多く豪華。(岐阜県可児市大森　2018 年 5 月 25 日　撮影／御巫由紀)

前年枝がアーチ状になり、そこから伸びた当年枝に花が咲いて、実になる。(岐阜県可児市大森　2017 年 12 月 9 日　撮影／御巫由紀)

本種の特徴

① 花柱は有毛。合着して、萼筒の喉部から長く突き出す
② 小葉数は 7〜9 個
③ 大きな円錐花序を作り、たくさんの花を咲かせる
④ 小花柄はふつう腺毛がある
⑤ 中央構造線以北（内帯）に分布する

牧野先生、ミヤコイバラにはふつう腺毛が多いのですが・・・

　ミヤコイバラのタイプ標本は東京大学総合研究博物館にあり、採集地は岡山県です。1915年頃、標本ラベルに牧野富太郎が学名を Rosa paniculigera Makino と記しましたが、正式には発表されず、和名もつけられませんでした。その後、小泉源一がアズマイバラの変種として記載するなどいくつか変遷の末、籾山泰一氏が植物分類地理学会誌（1962年）に正式な記載を書き、京都周辺に多く自生することから和名をミヤコイバラとされました。

　ミヤコイバラといえば小花柄や枝の腺毛が特徴と思われますが、原記載である「日本産薔薇類雑記1」にはこのように記されています。「ミヤコイバラではそれ（有柄の硬い腺）が多く、単に花梗や花軸のみならず、枝の上の葉のある部分にまでそれが出ることが多い。…しかしこの腺の全く出ない個体もミヤコイバラにはあるから、鑑別にはもちろん他の特徴のたすけを借りなくてはならない場合もある。牧野先生のタイプはあいにくそういう腺のない個体で、その点ミヤコイバラの特徴を十分にそなえていない恨みがある。」

　タイプ標本はもっとよく選んで決めていただきたかったと言いたいところですが、いたしかたありません。種小名は「panicula（円錐花序）+ -ger（〜 をつける）」という意味ですので、ミヤコイバラの花序が大きな円錐花序となることを第一の特徴と考えて命名されたようです。

ミヤコイバラのタイプ標本
（写真／東京大学総合研究博物館）

■ バラ亜属 subgenus *Rosa* / ノイバラ節 sect. *Synstylae*

S6 フジイバラ

Rosa fujisanensis (Makino) Makino
原記載：牧野富太郎（日本）Bot. Mag. Tokyo 27 : 151 (1913)
基準産地：静岡県富士山

幹は太く直径10〜20 cmほどにもなり直立し、小高木状。密に枝分かれする

苞はやや幅広く、披針形で腺歯縁、早落する

分 本州（富士箱根地域、大峰山地）、四国（剣山、石鎚山）
目 標高1000〜2000 mほどの日当りのよい尾根や風衝草原、林縁など
生 落葉低木、高さ1〜2 m
花 6月下旬〜7月上旬

フジイバラ *Rosa fujisanensis*

花序：円錐花序
花径：2.5〜3 cm
花色：白色
芳香：弱い
花の数：1〜20個

花柱は合着して1本の柱状になり、表面は綿毛で覆われる

萼片は卵状披針形、長さ0.8〜1 cm

萼片の内側全体と外側の縁に綿毛を密生する

小花柄は長さ1〜2 cm、強くて横に開く。無毛

萼片の縁に1〜2の小さな裂片がある

萼筒・萼片の表面は無毛

■ バラ亜属 subgenus *Rosa* / ノイバラ節 sect. *Synstylae*

フジイバラ *Rosa fujisanensis*

冬芽は小さく やや尖る

刺は鋭く 直線的

枝は無毛

萼片は落ち、先端に雌しべや 雄しべの一部が残る

果実は径 8~9 mm、 卵球形、 10~11 月に赤熟する

痩果は 10 個ほど、 底面および側面に つく

痩果

■ バラ亜属 subgenus *Rosa* / ノイバラ節 sect. *Synstylae*

日当りがよく風が強い尾根などにしっかりと根を張り、密に枝分かれした頑丈な樹形になる。(神奈川県足柄下郡箱根町 駒ヶ岳　2017年7月16日　撮影／御巫由紀)

1果序に多くの実がつき、やや光沢がある葉とともによく目だつ。(山梨県南都留郡鳴沢村 富士山　2010年10月2日)

フジイバラ Rosa fujisanensis

本種の特徴

① 花柱は有毛。合着して、萼筒の喉部から長く突き出す
② 小葉数は 7〜9 個
③ 幹は太く直立し、小高木状。密に枝分かれしてこんもりした樹形になる
④ 小花柄は無毛
⑤ 標高 1000〜2000 m ほどの日当りのよい尾根や風衝草原、林縁などに自生する

知名度が最も低い野ばら？ ── フジイバラ

「フジイバラ」という美しい名前にもかかわらず、知名度が最も低い日本の野ばらはこの種ではないかと思われます。自生地はあまり人の目に触れることのない標高約 800 m 以上の高地ですし、花は密集して咲きますが白く小さい、野ばらとしてはありふれた姿、枝が密に茂り樹形はごつごつとしていて、山野草店の売り物にも向いているとは言えません。しかし、7 月、梅雨明けの頃に山を歩いていて遠目にフジイバラの白い花のかたまりを見つけると、疲れていても駆け寄りたくなる、清々しい美しさがあります。

牧野富太郎は 1909 年に、このバラをテリハノイバラの変種と位置づけましたが、4 年後に独立種としました。たしかに葉の形はテリハノイバラと似ていて、小葉の数は同じです。しかしフジイバラは地を這うテリハノイバラと違って幹ががっちりと太くなります。サンショウバラほどではありませんが、環境がよければ小さな木のような樹形になります。

フジイバラの小花柄は無毛です。しかし、自生地の比較的標高が低いところで、フジイバラそっくりなのに小花柄に腺毛がある個体を目にすることがあります。まだはっきり確認できてはいませんが、分布が重なるモリイバラとの自然交雑が起きているようです。

牧野が記した 1909 年の記載を初めて見たとき、基準産地が「Prov. Suruga : Mt. Fiji」となっていて、思わず南太平洋のフィジー共和国を思い浮かべましたが、もちろんこれは「Mt. Fuji」の誤植です。富士山周辺と四国の剣山のほかに、奈良県の大峰山にも自生すると文献には記されていますが、残念ながら最近の情報はありません。

ノイバラ節のつぼみ (掲載倍率不同)

S1-1 ノイバラ　　C5 ショウノスケバラ　　S1-2 ツクシイバラ　　S2 ヤマイバラ

S3-1 テリハノイバラ　　C6 フイリ テリハノイバラ　　C7 チョウジザキ テリハノイバラ　　S3-2 リュウキュウ テリハノイバラ

S3-3 ヨナグニ テリハノイバラ　　S4-1 ヤブイバラ　　S4-2 アズマイバラ　　S4-3 モリイバラ

S5 ミヤコイバラ　　S6 フジイバラ　　H1 ミシマノイバラ　　H2 ヤマミヤコイバラ

ノイバラ節の雌しべ (掲載倍率不同)

S1-1 ノイバラ

C5 ショウノスケバラ

S1-2 ツクシイバラ

S2 ヤマイバラ

S3-1 テリハノイバラ

C6 フイリテリハノイバラ

C7 チョウジザキテリハノイバラ

S3-2 リュウキュウテリハノイバラ

S3-3 ヨナグニテリハノイバラ

S4-1 ヤブイバラ

S4-2 アズマイバラ

S4-3 モリイバラ

S5 ミヤコイバラ

S6 フジイバラ

H1 ミシマノイバラ

H2 ヤマミヤコイバラ

■ バラ亜属 subgenus *Rosa* / ハマナス節 sect. *Rosa* (= sect. *Cinnamomeae*)

S7 ハマナス（ハマナシ）

■ *Rosa rugosa* Thunb.
原記載：ツュンベリー（スウェーデン）Sys. Veg. ed. 14 : 473 (1784)
基準産地：日本

分 北海道、本州（太平洋側は茨城県、稀に千葉県まで、日本海側は島根県まで）／極東ロシア、朝鮮半島、中国東北部

自 海岸の砂地

生 落葉低木。よく分枝し、風があまりあたらず土壌が肥沃な場所では高さ 1.5 m ほどになる。地下茎を伸ばして広がり、大群落をつくる

花 6～7月

ハマナス *Rosa rugosa*

花序：集散花序、散形花序
花径：6〜9 cm
花色：深紫紅色
芳香：強い
花の数：1〜3 個

2cm

萼片はほぼ全縁、卵状披針形、長さ 2〜4 cm、先端が尾状に伸びる。内側全体と外側の縁に綿毛を密生する

苞は幅広く、長楕円形で宿存する。淡緑色

萼筒は無毛、稀に下半分に細い刺や腺毛を散生することもある

萼片の表面の毛は軟毛が密生し、腺毛が混生する

小花柄は長さ 1〜3 cm で太い。短い軟毛が密生し、腺毛が混生、稀に小さな刺もある

花柱は有毛。離生して、萼筒の喉部からわずかに出て喉部をふさぐ

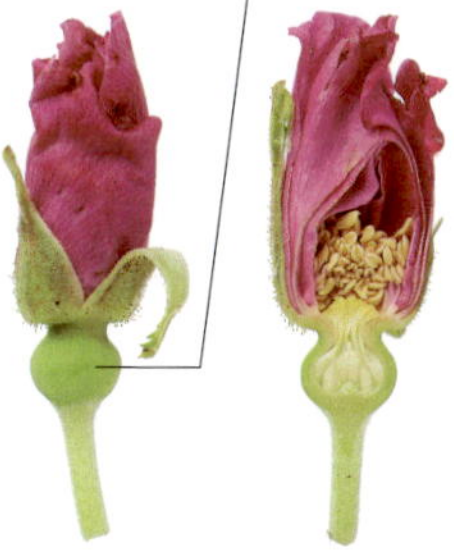

85

■ バラ亜属 subgenus *Rosa* / ハマナス節 sect. *Rosa* (= sect. *Cinnamomeae*)

葉は長さ 9~13 cm
小葉は 7~9 個、長さ 3~5 cm、倒卵状楕円形～長楕円形で円頭、基部は広いくさび形～円形、大きさのバランスはほぼ同大

表は脈がへこみ、深いしわになる。鮮緑色

枝は軟毛がある

刺は太く、やや扁平な刺と針のような小さな刺が混生、刺の表面に短毛が密生する

鋸歯は卵形

葉軸は軟毛が密生

厚みがある

縁に軟毛があり、鋸歯の先端に腺がある

托葉

幅広く、膜質。先端は耳形で先が尖った裂片になる

3分の2ほどまで葉柄に沿着し、鋸歯がある

淡緑色

裏は淡緑色で密生する軟毛の間に、無柄で球形の透明な腺点がある

ハマナス Rosa rugosa

■ バラ亜属 subgenus *Rosa* / ハマナス節 sect. *Rosa* (= sect. *Cinnamomeae*)

栄養分が少ない砂地ではハマナスの丈は低く、海岸にしがみつくように枝を伸ばして花を咲かせる。(新潟県胎内市桃崎浜　2018年6月2日　撮影／御巫由紀)

トマトのような赤い実は甘酸っぱく、ジャムなどに利用される。(新潟県胎内市桃崎浜　2016年8月16日)

ハマナス Rosa rugosa

本種の特徴

① 花柱は有毛。離生して萼筒の喉部からわずかに出て喉部をふさぐ
② 小葉数は 7〜9 個
③ 葉は脈が深くへこみ、しわがある。鋸歯は粗い単鋸歯
④ 海岸に生え、砂浜では地下茎を延ばして大きな群落をつくる
⑤ 花は香りがよく、かつて北海道では香料の原料として使われたこともあった

ハマナス (浜茄子) とハマナシ (浜梨)

　ハマナスは海岸に群落をつくり、初夏から初秋まで香りのよい花を咲かせ、真っ赤なトマトのような実をつけます。その実の姿から、江戸時代の文献には「玫瑰花（ハマナス）」（玫瑰は本来、中国語で赤い宝石のこと）、「浜茄子（ハマナスビ）」等の名で登場します。大正から昭和にかけての一時期に、「もともとはハマナシ（浜梨）だったが、東北の人々が訛ってハマナスと呼んだため誤表記された」とされたことがありましたが、おそらくその説は誤りでしょう。現在は「ハマナス」が一般的で、皇后陛下雅子様のお印も北海道の道の花も「ハマナス」となっています。

　ハマナスは、根が植物染料として用いられてきました。「秋田八丈」という格子模様の絹織物が佐竹藩（現在の秋田県）で、江戸時代、19 世紀初めに作られるようになりました。「秋田黄八丈」とも呼ばれます。ハマナスの根で鳶色、カリヤスやレンゲツツジで黄色、ハマナスとほかの植物染料の混合で黒、と染め分けた絹糸を格子柄に織るものです。渋い色合いが味わい深く、明治時代は人気があったのですが今、生産を続けているのは 1 社だけ。たいへん貴重な織物となっています。

　ハマナスは花の美しさだけでなく、耐寒性が注目されてきました。ハマナスとの交配で作られた園芸品種のバラをハイブリッドルゴーサ系統といいます。その品種は冬の寒さに強いため寒冷地での栽培に適し、皺のある分厚い葉、鋭い刺が密生する枝、ペオニン色素を多く含む青みを帯びた桃色の花色、赤くて大きな実などが特徴です。香りのよい品種も多くあります。不思議なのはごくまれにですが、花弁がカーネーションのように細かくフリンジ状に切れ込む品種が生まれること。'フィンブリアータ' (1891年)、'F・J・グローテンドルスト' (1918 年) などがカーネーション咲きの品種です。

■ バラ亜属 subgenus *Rosa* / ハマナス節 sect. *Rosa* (= sect. *Cinnamomeae*)

S8 カラフトイバラ

Rosa amblyotis C.A.Mey.
（異名= *R. davurica* Pall. var. *alpestris* (Nakai) Kitag., *R. marretii* H.Lév.）
原記載：メイヤー（ベラルーシ／ロシア）Zimmtrosen 30 (–31) 1847；
　　　　preprint of Mém. Acad. Imp. Sci. Saint-Pétersbourg, Sér. 6, Sci. Math. (1849)
基準産地：カムチャツカ

分 北海道、本州（中部）／極東ロシア
自 寒冷地や高原の牛の放牧地等、明るい草原や林縁
生 落葉低木。高さ 1.5~2 m。よく分枝し、大きなマウンド状に群生する
花 6~7 月

カラフトイバラ *Rosa amblyotis*

冬芽は三角形で大きい

刺は鋭く直線的

枝は無毛、秋には暗紫褐色になる

萼片は直立し、宿存する

果実は径 1.2〜1.3 cm、球形または卵形、果肉が厚い。8〜9 月に赤熟する

痩果は 10〜20 個ほど、底面および側面につく

痩果

■ バラ亜属 subgenus *Rosa* / ハマナス節 sect. *Rosa* (= sect. *Cinnamomeae*)

北海道でも本州でも、牛の放牧地や路傍がカラフトイバラの自生地となっている。(長野県上田市菅平高原 菅平牧場　2017年7月9日)

本州では群馬県(浅間山周辺、六里ヶ原など)と長野県(菅平、霧ヶ峰)だけに自生する。(長野県上田市菅平高原 菅平牧場　2016年8月29日)

カラフトイバラ Rosa amblyotis

本種の特徴

① 花柱は有毛。離生して萼筒の喉部からわずかに出て喉部をふさぐ
② 小葉数は 5〜9 個
③ 葉はしわがなく、平板な印象を受ける。鋸歯は粗い単鋸歯
④ ハマナスに似るが、海岸ではなく内陸の草地に自生する
⑤ 香りはハマナスより甘さが少なく、さわやか

学名が定まらないカラフトイバラ

　カラフトイバラという名前のとおり、分布の中心は北海道より北の地域です。かつて気候が冷涼だったときは本州中部から北海道、樺太（サハリン）まで連続して分布していたのでしょうが、気温の上昇とともに分布が狭まり、本州では北海道に似た気候の菅平や周辺の数カ所だけに生き残った、氷河時代の遺存種のひとつです。北海道から遠く離れて本州中部にぽつんと自生していますので、これを隔離分布と呼びます。

　かつてカラフトイバラの学名は Rosa marretii H.Lév. とされていましたが、同時に R. davurica Pall. という学名も使われていました。2001 年に出版された『Flora of Japan IIb』では R. davurica Pall. var. alpestris (Nakai) Kitag. という名が当てられ、これで一件落着かと思いましたが最近は、R. amblyotis C.A.Mey. という学名が使われることが多いようです。

　R. marretii と R. davurica の区別点は葉裏の黄色い腺点です。R. marretii には腺点がありませんが、R. davurica にはあります。R. amblyotis にも腺点があって R. davurica によく似ているため、独立種でなく極東地域に分布する R. davurica の種内変異にすぎないとする説もあります。

　これほど学名が定まらないのは、カラフトイバラがロシア東部、モンゴル、中国北東部、朝鮮半島、日本と広域に分布し各地で少しずつ変異があるわりに、全体を見ている人がいないからかもしれません。菅平牧場のカラフトイバラの葉裏には、黄色くて丸い腺点がしっかりあるので、ここでは学名を Rosa amblyotis C.A.Mey. としましたが、もう少し検討を続けたいと思っています。

カラフトイバラの葉の裏の腺点

■ バラ亜属 subgenus *Rosa* / ハマナス節 sect. *Rosa* (= sect. *Cinnamomeae*)

S9 オオタカネバラ（オオタカネイバラ）

Rosa acicularis Lindl.
原記載：リンドリー（英国）Ros. Monogr. : 44, t. 8 (1820)
基準産地：シベリア

- 分 北海道、本州（東北地方の風穴と、中部の日本海側高山）／北半球の高緯度地域全体
- 自 高山の草原や岩礫地に生えるが、東北地方では山地だけでなく風穴の冷たい風が通る入り口付近、北海道では標高の低い沢沿いや海岸湿地にも自生する
- 生 落葉低木。高さ1〜1.5 m、ササ原など他の植物の中では高く伸びる。地下茎を伸ばして広がる
- 花 6〜7月（平地にある風穴では5月）

オオタカネバラ *Rosa acicularis*

■ バラ亜属 subgenus *Rosa* / ハマナス節 sect. *Rosa* (= sect. *Cinnamomeae*)

平地の風穴では、高山よりも 2 ヶ月ほど早くオオタカネバラが開花する。
（福島県南会津郡下郷町 中山風穴　2018 年 5 月 20 日 撮影／御巫由紀）

岩の隙間から出る冷涼な空気が年間通じて気温を低く保つ風穴に、オオタカネバラが群落を作っている。（福島県南会津郡下郷町 中山風穴 2018 年 8 月 14 日）

オオタカネバラ Rosa acicularis

本種の特徴

① 花柱は有毛。離生して萼筒の喉部からわずかに出て喉部をふさぐ
② 小葉数は 5〜7 個
③ 鋸歯が卵形で粗く、重鋸歯になることもある
④ 本州中部では高山に自生するが、東北地方では風穴、北海道では標高の低い沢沿いや海岸湿地でも見られる
⑤ 香りは弱い

バラ属唯一の周北極要素の植物、オオタカネバラ

　植物の学名は、分類学者が学術雑誌などで正式発表します。ほかの種とどう違うかを解説する文章が、ラテン語または英語で記されます。これを「原記載(げんきさい)」と呼び、そのとき用いられた植物標本(いわゆるタイプ標本)とともにたいへん重要です。

　日本の野生バラの原記載を誰がいつ行ったかを見ると、ノイバラとハマナスはスウェーデンの分類学者ツュンベリーが 1784 年に発表しています。テリハノイバラはベルギーのクレパンが 1871 年に、タカネバラは同じくクレパンが 1875 年に発表しています。いずれも日本からヨーロッパへ持ち帰られた植物標本が研究され、新種として発表されたものですが、オオタカネバラの場合は事情が違います。

　オオタカネバラはイギリスのリンドリーが、1820 年に著書 "Rosarum Monographia" で美しい植物画とともに発表しました。葉の小葉のつきかたがややおかしくなっていますが、日本で私たちが見るオオタカネバラと同じバラと見て間違いありません。記載文では「花は単生」とあるのに、絵では枝先に花が終わった若い実と咲いたばかりの花が 1 つずつ付いていますが、これは肥沃な栽培環境ではよくあることです。

　注目すべきはこの記載のもととなった標本が、日本ではなく、シベリアで採集された標本であることです。オオタカネバラは日本だけでなくシベリア、北米北部から北欧にかけて北半球の高緯度地域に広く分布します。このような分布をする植物は「周北極要素の植物」と呼ばれ、バラ属では他に例がありません。

"Rosarum Monographia"
(Lindley, 1820)
千葉県立中央博物館蔵

■ バラ亜属 subgenus *Rosa* / ハマナス節 sect. *Rosa* (= sect. *Cinnamomeae*)

S10 タカネバラ（タカネイバラ）

Rosa nipponensis Crép.
（異名 = *R. acicularis* Lindl. var. *nipponensis* (Crép.) Koehne）
原記載：クレパン（ベルギー）Bull. Soc. Roy. Bot. Belgique 14：7 （1875）
基準産地：日本

分 本州（中部以北）、四国。青森県、秋田県にも分布情報があるが、オオタカネバラの誤認か
自 高山の岩礫地や林縁
生 落葉低木。高さ 0.5～1.5 m、地下茎を伸ばして広がる
花 6～7月

■ バラ亜属 subgenus *Rosa* / ハマナス節 sect. *Rosa* (= sect. *Cinnamomeae*)

葉は長さ 4〜10 cm

小葉は 7〜9 個（肥沃な土壌だと稀に 11 個）、長さ 2〜3.5 cm、長楕円形または楕円形で円頭、大きさのバランスはほぼ同大

鋸歯は狭卵形急尖頭で細かい単鋸歯、稀に重鋸歯になることもある

刺は針状の刺が多生、長さに長短がある。葉柄基部の刺は明らかでない。側枝には刺は少ない

枝は無毛、はじめ黄緑色、のち暗紫褐色になる

表は無毛、鮮緑色、光沢少ない

葉軸は腺毛や小さな刺が散生

小葉は薄い

ごく短い柄のある腺点が縁に並ぶ

2/3 ほどまで葉柄に沿着し、全縁耳片は半卵形で先が尖る

托葉

淡緑色、やや赤みを帯びる

基部では幅が狭いが、先端に近づくにつれて広くなり、膜質

裏は主脈上にやわらかな伏毛があり、腺毛や小さな刺も散生、帯白色

タカネバラ *Rosa nipponensis*

冬芽は細く小さい

枝は無毛

刺は帯白色になり、鋭く直線的で多生、長さに長短がある

果実は長さ 1.5〜2.5 cm、倒卵状紡錘形、先端は急にくびれる。8〜9 月に赤熟、萼片は直立し、宿存する

痩果は 10 個ほど、底面および側面につく

痩果

■ バラ亜属 subgenus *Rosa* / ハマナス節 sect. *Rosa* (= sect. *Cinnamomeae*)

関東では富士山や至仏山など、標高 2000 m 以上の高山に自生する。(山梨県南都留郡鳴沢村 富士スバルライン 5 合目　2017 年 7 月 21 日 撮影／御巫由紀)

富士山では森の中にもタカネバラが自生するが、明るい環境でないと開花、結実はしない。(山梨県南都留郡鳴沢村 富士山スバルライン 5 合目 2016 年 9 月 11 日)

タカネバラ Rosa nipponensis

本種の特徴

① 花柱は有毛。離生して萼筒の喉部からわずかに出て喉部をふさぐ
② 小葉数は 7〜9 個
③ 鋸歯が狭卵形で細かく、重鋸歯になることもある
④ 標高の高いところに自生し、東日本では至仏山、谷川岳、西日本では東赤石山の群落が大きい
⑤ 開花直後の短い間だけ、甘い香りがする

富士山で 200 年前から知られていたタカネバラ

　日本では、意外と古くからつけられている植物名が多くありますが、野生バラで江戸時代以前から和名があるのは、おそらく 5 つだけ。ノイバラ、ハマナス、サンショウバラ、カカヤンバラ、そしてこのタカネバラです。

　1818 年に岩崎灌園（いわさきかんえん）が記した『草木育種（そうもくそだてぐさ）』の「ばら」の項には、コウシンバラやノイバラを紹介したあと、最後に「…又富士山に産するたかねばらハ形玫瑰 (はまなす) に似て甚細く刺多し。花小く淡紅なり。その外ばら類多し」と記されています。

　富士山では 3 合目あたりから上に点々とタカネバラが分布し、5 合目には群生地があります。江戸時代にどれほどの人が富士山でタカネバラを見ていたのか、岩崎灌園は自分で登って花を見たのか。信仰の山ですから登山者は多かったでしょうが、200 年前から知られていたというのは、驚きです。1860 年代のものと思われる山本渓愚の「本草写生図譜」には、「立山玫瑰」と題して、みごとに写実的なタカネバラの絵が描かれています。

　タカネバラの学名はロサ・ニッポネンシス、「日本のバラ」という意味で、命名者はベルギーの植物学者クレパンです。原記載には、「コペンハーゲンのランゲ氏がサンクトペテルブルク帝室植物園からタネをもらって育てたバラのサンプルを送ってくれた。それを検討した結果、オオタカネバラに似ているが小葉数が 1 対多いことから別種であると考え、採集地である日本にちなんで命名した」と書かれています。クレパンが 1875 年に遥かヨーロッパで日本に思いを馳せ、「ニッポネンシス」と名づけてくれたのは何やら嬉しくもあります。

　一時期、*Rosa acicularis* Lindl. var. *nipponensis* (Crép.) Koehne という学名でオオタカネバラの変種とされたことがありましたが、今はもとに戻って独立した種とするのが一般的です。

■ バラ亜属 subgenus *Rosa* / カカヤンバラ節 sect. *Bracteatae*

S11 カカヤンバラ（ヤエヤマノイバラ）

Rosa bracteata J.C.Wendl.
原記載：ウェントラント（ドイツ）Bot. Beob.：50 (1798)
基準産地：中国

分 石垣島／中国東部、台湾
自 牛の放牧地等の明るい草原
生 常緑低木、高さ0.5～1m。枝ははじめ
　上方に伸びるがやがてアーチ状に横になり、
　そこから新しい枝をのばして開花する
花 4～6月、環境が良ければ11月頃まで
　返り咲きする

カカヤンバラ *Rosa bracteata*

花序：単生
花径：5~7 cm
花色：白色
芳香：弱い
花の数：1 個

柱頭の色は淡黄色~赤褐色の変異がある

花盤は幅が広めで、雌しべと雄しべが離れて見える

2cm

花柱は有毛。離生して、萼筒の喉部からやや突き出て喉部をふさぐ

萼裂片は長さ1.5~2 cm、卵状披針形、全縁

萼片の内側は綿毛が密生する

花柄は長さ約5 mm と短く太く、綿毛が密生する

萼筒と**萼片表面**は綿毛が密生する。腺毛が混生することがある

10 個前後の**苞葉**が萼筒を包む。大きな鋸歯があり、軟毛に覆われ縁には腺も散生する。淡緑色

■ バラ亜属 subgenus *Rosa* / カカヤンバラ節 sect. *Bracteatae*

葉は長さ 4〜7 cm

小葉は 7〜9 個、長さ 1.5〜2.5 cm、楕円形または倒卵形で円頭、先端がややへこむこともある。頂小葉と側小葉の大きさはほぼ同大

刺は葉柄基部に下向きに曲がった鉤型の 1 対の刺がある

表は無毛、明緑色、やや光沢がある

枝は綿毛が密生し、腺毛が混生する

鋸歯は浅く、先端に腺点がある

葉軸は綿毛が密生する

厚く、革質

裏の主脈は稀に有毛、淡緑色

托葉
羽状に切れ込み、綿毛で覆われる

わずかに葉柄に沿着するが、早落する

羽状の裂片の縁に腺毛が散生する

淡緑色

カカヤンバラ *Rosa bracteata*

冬芽が見られる期間は短い

刺は葉柄基部に一対の鉤型の刺がある

枝は綿毛が脱落し、腺毛が目立つ

萼片は水平に開き、宿存する

痩果は 20〜30 個ほど、底面および側面につく

果肉は鮮やかな橙色

果実は径 2〜3 cm、扁球形または球形、7〜11 月に橙褐色に熟し、表面は薄茶色の綿毛で覆われる

痩果

111

■ バラ亜属 subgenus *Rosa* / カカヤンバラ節 sect. *Bracteatae*

牛が食べないので、カカヤンバラは石垣島の牛の放牧地に点々と群生する。(沖縄県石垣島 石垣市伊原間　2017年4月29日　撮影／御巫由紀)

気温さえ十分であれば一年中開花するため、いつでも実をみつけることができる。(沖縄県石垣島 石垣市平久保　2017年4月28日　撮影／御巫由紀)

カカヤンバラ Rosa bracteata

本種の特徴

① 花柱は有毛。離生して、萼筒の喉部からやや突き出て喉部をふさぐ
② 小葉数は 7〜9 個
③ 春に多く咲くが、秋までぽつぽつと返り咲きする
④ 別名ヤエヤマノイバラだが、国内では石垣島だけに自生する
⑤ 大きな苞葉が重なってつぼみを覆うようすが、バラ属植物では極めて珍しい

江戸時代の漂流者がフィリピンから持ち帰ったカカヤンバラ

　カカヤンバラのつぼみを見ると萼筒が、10個前後の苞葉で覆われています。バラではたいへん珍しいため、ロサ・ブラクテアータ（苞葉＝bract があるバラ）という学名がつけられました。初めてヨーロッパに紹介されたのは 1765 年で、中国に赴任していた英国大使マッカートニー卿が持ち帰ったものです。これに因んで英語名は、マッカートニー・ローズとなっています。

　自生地は日本のほかに台湾、中国東部、フィリピン。カカヤンバラという不思議な名前は、フィリピンのルソン島北端の地名「カガヤン」に由来します。このバラが日本にもたらされた経緯については、『本草図譜』（岩崎灌園 1844 年）にこう記されています。

　　一種　かかやんばら
　　天保年中カカヤンと云異国へ
　　漂流したるとき實を採り
　　其實より生じたる物なり
　　形状野薔薇に似て
　　苞に鱗甲刺あり
　　花白色大にして玫瑰に似たり

　漂流したのは儀平という八丈島の船長で、1827 年に乗組員 13 人と共に遭難し、翌年ルソン島のカガヤンに漂着。清国を経て翌 1829 年、長崎に帰還しました。カガヤンから持ち帰ったバラの実をこの船長が 1830 年 12 月に、江戸の佐橋（さばせ）兵三郎宅に届けました。佐橋は幕府の旗本で、本草について学ぶ「赭鞭会（しゃべんかい、1830〜1840 年頃に活動）」の主要メンバーでした。

　同じく旗本の「赭鞭会」メンバーで、舶来の植物に関心をもっていた馬場大助がそのタネを播き、翌年 3 月には首尾よく発芽して苗を知人に分けました。そのうち佐橋宅の苗が翌 1832 年 7 月に開花し、カカヤンバラと命名されたということです。数奇な物語の果てに咲いた美しい花が、江戸の園芸好きの間でどれほど話題になったか。のちに八重山諸島にもこのバラが自生することがわかり、ヤエヤマノイバラと命名されましたが、一般的には古いほうの名前で、カカヤンバラと呼ばれます。

■ サンショウバラ亜属 subgenus *Platyrhodon*

S12 サンショウバラ

Rosa hirtula (Regel) Nakai
原記載：中井猛之進（日本）Bot. Mag. Tokyo 34：14 (1920)
基準産地：神奈川県足柄下郡箱根町

- 分 本州（富士箱根地域：神奈川、山梨、静岡）
- 目 山地のクリ帯からブナ帯。明るい環境を好むが、湿地から尾根筋までさまざまな環境で見られる
- 生 落葉小高木。幹は太く、よく分枝して枝は横にはる。高さ5mになる
- 花 6月

サンショウバラ *Rosa hirtula*

花序：単生
花径：6〜9 cm
花色：淡桃色
芳香：弱い
花の数：1個

花盤は幅が広めで、雌しべと雄しべが離れて見える

花柱は有毛。離生して、萼筒の喉部からわずかに出て喉部をふさぐ

萼片の内側は綿毛が密生する

萼片は長さ1.5〜2 cm、広卵形、外側の萼片の縁には幅の広い小裂片が生じる

花柄は長さ1〜1.5 cmと短く太い。無毛だが、鋭く直線的な刺が多生する

萼片の表面・萼筒は無毛だが、鋭く直線的な刺が多生する

■ サンショウバラ亜属 subgenus *Platyrhodon*

葉は長さ 7〜15 cm

小葉は 9〜19 個、長さ 1〜3.5 cm、細長い楕円形または卵状長楕円形で、先端が尖る。大きさのバランスはほぼ同大

表面全体に軟毛散生、鮮緑色、光沢は少ない

厚みがある

刺は扁平で上向きに曲がった鉤型で、葉柄基部に 1 対ある

鋸歯は鋭く、多数ある

枝は無毛で、若い枝は紫褐色〜緑色

軟毛(裏)

葉軸は綿毛が密生し柄の長い腺毛がまれに混生、裏側には小さい刺が散生する

托葉
軟毛と、ごく短い柄のある腺点が托葉上部の裂片の縁に並ぶ

2/3 ほどまで葉柄に沿着し、全縁

細く、淡緑色で赤みを帯びることが多い

裏面全体に軟毛があり、とくに主脈と葉軸に密生する。淡緑色

サンショウバラ *Rosa hirtula*

冬芽は丸く大きい

刺は扁平で上向きに曲がった鉤型または水平に開き、冬芽の下に1対ある

萼片は立ち上がり、宿存する

枝は年数が経つと灰色がかり、やがて樹皮がめくれるようにはがれる

瘦果

果実は径2.5~3.5 cm、扁球形で大きく、無毛だが全面に硬い刺がある。7~9月に黄熟し、甘い香りがする

瘦果は30~40個ほど、底面の高まりにひと並びにつく

■ サンショウバラ亜属 subgenus *Platyrhodon*

この池の周囲には、サンショウバラとフジイバラが多く自生している。
（神奈川県箱根町 精進池　2016年6月7日）

熟した実は鋭い刺に覆われているが、甘い香りをあたりに漂わせる。
（神奈川県箱根町 精進池　2018年9月3日　撮影／御巫由紀）

サンショウバラ Rosa hirtula

本種の特徴

① 花柱は有毛。離生して萼筒の喉部からわずかに出て喉部をふさぐ
② 小葉数は 9〜19 個と多く、サンショウの葉に似る
③ バラ属植物の中で唯一、5 m に達する小高木になる野生種である
④ 富士山周辺のごく限られた地域だけに自生する
⑤ 果実はまっすぐな刺に覆われる

サンショウバラに近縁な中国の野生種 ロサ・ロクスブルギー・ノルマーリス

中国南西部にはサンショウバラに近縁な野生種、*Rosa roxburghii* f. *normalis* Rehd. & E.H.Wilson があり、トゲだらけの果実の形や、樹皮がむける特徴はサンショウバラと同じですが、「サンショウバラほど大きくならない（ふつう樹高 1〜2 m 程度）」、「小葉数がサンショウバラより少ない」、「花色に濃紅色から白色まで変異がある（サンショウバラは薄桃色だけ）」、「葉は無毛（サンショウバラは葉に柔らかな毛がある）」といった点で区別されます。

R. roxburghii f. *normalis* の八重咲き園芸品種は、日本でもイザヨイバラの名で知られています（p.146 参照）。満月が少し欠けたように丸い花の縁が欠けるので、イザヨイバラと名付けられました。『本草薬名備考和訓抄』(1807) に、「千葉にして全く開かず、重弁の一方に欠あり、故に又いざよひばらといふ」とあります。実際には十六夜の月のように細くなるのではなく、まるで誰かにかじられたように花の一部が欠けます。最近では、サンショウバラの八重咲き品種や四季咲き品種も栽培されています。

Rosa roxburghii f. *normalis*

ハマナス節・カカヤンバラ節

花 （掲載倍率不同）

S7 ハマナス

S8 カラフトイバラ

S9 オオタカネバラ

S10 タカネバラ

S11 カカヤンバラ

S12 サンショウバラ

・サンショウバラ亜属の花と実の断面

実 (掲載倍率不同)

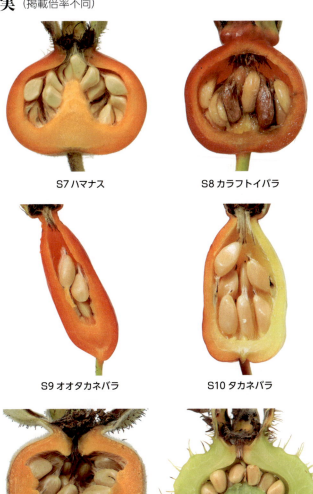

S7 ハマナス

S8 カラフトイバラ

S9 オオタカネバラ

S10 タカネバラ

S11 カカヤンバラ

S12 サンショウバラ

■ 自然交雑種 Natural Hybrids

H1 ミシマノイバラ

Rosa × *misimensis* Nakai
原記載：中井猛之進（日本）
　　　　J. J. B. 15：529 (1939)
基準産地：山口県萩市見島
推定交雑親：テリハノイバラ × ノイバラ

分 本州および九州（長崎県）
目 明るい草地

花序：円錐花序
花径：2.5～3 cm
花色：白色
芳香：弱い
花の数：数～100 個

花柱は合着して1本の柱状になり突出する。表面にわずかながら綿毛がある点でテリハノイバラとの交雑種とわかる

萼片は卵状披針形

縁に1～2の小さな裂片がある

萼片内側は短い綿毛で覆われる

腺毛と軟毛がある

萼筒は無毛

ミシマノイバラ Rosa x misimensis

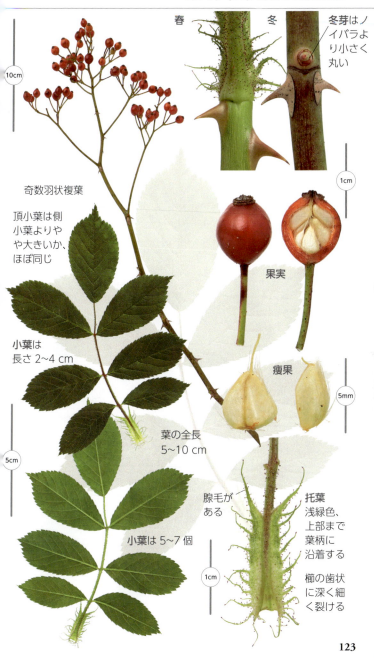

■ 自然交雑種 Natural Hybrids

H2 ヤマミヤコイバラ

Rosa × *mikawamontana* Mikanagi & H.Ohba
原記載：御巫由紀・大場秀章（日本）
J. J. B. 86：248-252 (2011)
基準産地：愛知県新城市川合
推定交雑親：ヤマイバラ × ミヤコイバラ

花序：円錐花序　芳香：弱い
花径：2～3 cm　花の数：数～20個
花色：白色

分 本州（愛知県）
生 川に近い明るい斜面

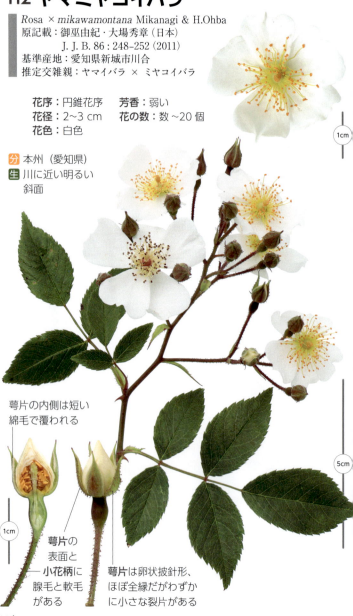

萼片の内側は短い綿毛で覆われる

萼片の表面と小花柄に腺毛と軟毛がある

萼片は卵状披針形、ほぼ全縁だがわずかに小さな裂片がある

ヤマミヤコイバラ Rosa x mikawamontana

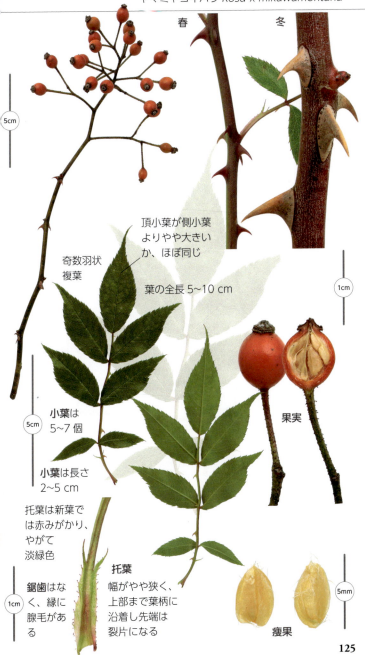

■ 自然交雑種 Natural Hybrids　ヤブテリハノイバラ *Rosa* x *makinoana*

H3 ヤブテリハノイバラ

別名コバノテリハノイバラ、ヒメテリハノイバラ
Rosa × *makinoana* H.Ohba
原記載：大場秀章（日本）
　　　　Flora of Japan IIb : 177 (2001)
基準産地：高知県高知市一宮
推定交雑親：テリハノイバラ × ヤブイバラ

花序：円錐花序
花径：2〜3 cm
花色：白色
芳香：弱い
花の数：数〜20個

萼片内側全体と外側の縁に綿毛を密生する

卵状披針形

腺毛とわずかに伏毛がある

葉軸と裏面の主脈上に伏毛がある

奇数羽状複葉

托葉
鋸歯があり、先端に腺がある
葉柄に沿着し先端は裂片になる

淡緑色

小葉は7〜9個

果実

葉は革質

瘦果

■ 自然交雑種 Natural Hybrids

バラ属の自然交雑種

　異なる種間での交雑は、生育場所や開花する時期などの違いによって、起こりにくくなっています。しかし、それでも各地で交雑種は生まれ、いったんできるとバラ属は木本なので長く生き、人の目にとまりやすくなります。

　自然交雑種は、野ばらの同定を難しくする要因の一つですが、見たいと思って探すとなかなかみつかりません。例外的に、ミシマノイバラとドウリョウイバラはそれぞれ発見された山口県の見島と神奈川県の道了尊最乗寺周辺で、よく見られます。ただ、両親の形質を段階的に示すものが多く、これが典型、といえる個体を選ぶのは困難です。

【ノイバラ節内の交雑種】
1　ミシマノイバラ（p.122）（テリハノイバラ×ノイバラ）
　Rosa × *misimensis* Nakai
2　ヤマミヤコイバラ（p.124）（ヤマイバラ×ミヤコイバラ）
　R. × *mikawamontana* Mikanagi & H.Ohba
3　ヤブテリハノイバラ（p.126）（テリハノイバラ×ヤブイバラ）
　R. × *makinoana* H.Ohba
4　ヤブミヤコイバラ（p.127）（ヤブイバラ×ミヤコイバラ）
　R. onoei Makino var. *onoei* × *R. paniculigera* (Makino ex Koidz.) Momiy.
5　ミヤコテリハノイバラ（テリハノイバラ×ミヤコイバラ）
　R. × *momiyamae* H.Ohba
6　オオサクラバラ（ノイバラ×アズマイバラ）
　R. × *pulcherrima* Koidz.
7　ヤブノイバラ（ノイバラ×ヤブイバラ）
　R. × *pulcherrima* Koidz. nothovar. *multionoei* H.Ohba
8　ドウリョウイバラ（ノイバラ×モリイバラ）
　R. × *pulcherrima* Koidz. nothovar. *kanaii* H.Ohba
9　テリハアズマイバラ（テリハノイバラ×アズマイバラ）
　R. luciae Franch. & Rochebr. ex Crép. × *R. onoei* Makino var. *oligantha* (Franch. et Sav.) H.Ohba

【ノイバラ節×ハマナス節の節間交雑種】
1　コハマナス（p.129）（ノイバラ×ハマナス）
　R. × *iwara* Siebold ex Regel
2　テリハコハマナス（p.130）（テリハノイバラ×ハマナス）
　R. luciae Franch. & Rochebr. ex Crép. × *R. rugosa* Thunb.

コハマナス Rosa × iwara

H5 コハマナス (コハマナシ)

Rosa × *iwara* Siebold ex Regel
原記載：シーボルト (ドイツ)
　　　　Index Sem. Hort. Petrop.
　　　　1861：53 (1861)
基準産地：東日本
推定交雑親：ノイバラ×ハマナス

花序：集散花序
花径：3~3.5 cm
花色：桃色
芳香：強い
花の数：3~5 個

分 北海道、本州北部、佐渡島

シーボルトは日本語の発音にちなんで学名をロサ・イワラとしたと思われる。交雑親だと推定されるノイバラとハマナスが両方自生する地域で、稀に見られる。

小葉は 7~9 個

托葉

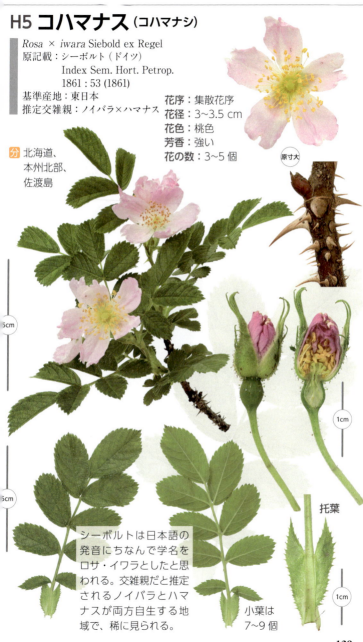

■ 自然交雑種 Natural Hybrids

H6 テリハコハマナス (テリハコハマナシ)

Rosa luciae Franch. & Rochebr. ex Crép. × *R. rugosa* Thunb.
未記載
推定交雑親：テリハノイバラ × ハマナス

分 本州北部（海岸）

花序：集散花序　　芳香：強い
花径：4〜4.5 cm　花の数：3〜5 個
花色：桃色

バラの育種家、鈴木省三氏は 1943 年頃に福島県の海岸でテリハコハマナスの自生を確認した。しかし戦後あらためて訪れたときその自生地は開発されてテリハコハマナスは消えていたという。鈴木氏がハマナスとテリハノイバラを交配して作ったテリハコハマナスの株を、ここでは撮影した。

テリハコハマナス *Rosa luciae* × *R. rugosa*

奇数羽状複葉
小葉は 7〜9 個

托葉

果実はハマナスより小さい

痩果

■ 伝統園芸品種 Traditional Cultivars

江戸時代以前の日本の庭のバラ

江戸時代以前、花を鑑賞するために栽培されていたのは、日本の野ばらではなく、中国や朝鮮半島から渡来したバラでした。

最も古い記録があるのは、コウシンバラです。『古今和歌集』、『源氏物語』などに「さうび」と記されているのがおそらくコウシンバラですが、明らかにそれとわかる絵があるのは、『春日権現験記絵巻』(1309 年) です。江戸時代には「長春」、「月季花」といった漢名や「かうしんばな」、「かうしん茨」という和名で、絵入りの園芸書などに登場するようになります。

中国の野生種のナニワイバラは、実が漢方薬「金罌子」として用いられていたため、かなり早い時期に渡来しました。日本ではやがて、茶花としても用いられるようになりました。

『花壇地錦抄（かだんじきんしょう）』（伊藤伊兵衛三之丞、1695 年）には 12 種類のバラが記されています。渡来した長春（赤いコウシンバラ）、白長春（白いコウシンバラ）、猩々長春（赤の濃いコウシンバラ）、ちゃうせん荊（ナニワイバラ）、山桝荊（イザヨイバラ）等とともに、日本の野ばらからハマナスと箱根荊（サンショウバラ）も紹介されています。

渡来年代ははっきりしないものがほとんどですが、モッコウバラは『物類品隲（ぶつるいひんしつ）』（平賀源内、1763 年）によれば、「木香花」の名で 1760 年に渡来したことがわかっています。

明治時代に入ると、西洋文化の象徴としてバラの栽培が大流行しました。多くの品種が欧米から輸入されてバラを巡る日本の状況は一変し、それまでのバラは庭の片隅へと追いやられていきました。

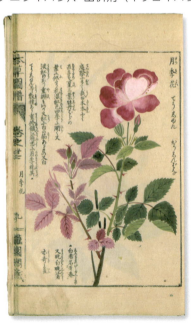

『本草図譜』（岩崎灌園, 1828 年）からコウシンバラ
http://dl.ndl.go.jp/info:ndljp/pid/2550782/60

C1 コウシンバラ

■ *Rosa chinensis* Jacq. 'Koushin Rose'

花序：単生または散房花序
花径：7〜9 cm
花色：濃紅紫色、淡桃色、白色などさまざま
芳香：弱い
花の数：1〜5 個

托葉　原寸大

雌しべは長く離生

樹高 1〜2 m、枝は無毛で刺も少ない。小葉は 3〜5 個、鋭頭、光沢あり。新葉は黄緑色で赤みを帯びることもあり、後に深緑色、鋸歯は鋭い。托葉は幅が狭く上部まで沿着し縁に腺毛あり。八重咲きで、春から秋まで繰り返し開花する。中国で長い年月をかけて作られた園芸品種が日本に渡来したと考えられるが、渡来時期は不明。18 世紀末にヨーロッパに導入されたチャイナローズと同じ系統だが品種としては異なるため、ここでは英名を 'Koushin Rose' とした。

■ 伝統園芸品種 Traditional Cultivars

C2-1 ナニワイバラ

Rosa laevigata Michx.
原記載：ミショー（フランス）Fl. Bor.-Amer. 1 : 295（1803）
基準産地：アメリカ（ジョージア州）

分 中国南西部・台湾
花 4月下旬〜5月初旬

常緑低木。つる性で、鉤型の強い刺でまわりの木や崖などをよじ登る

花序：単生　　芳香：弱い
花径：8〜9 cm　花の数：1個
花色：白色

先端に腺のある剛毛が密生する

ナニワイバラ *Rosa laevigata*

原寸大

奇数羽状複葉
小葉は3個、
長さ3〜7 cm
表面は無毛、光沢
がある

原寸大

**萼片・萼筒・
小花柄**は先端
に腺のある剛
毛で覆われる

葉の全長
5〜10 cm

5cm

5mm

托葉
離生し早落性、
細鋸歯状

裏面は無毛

葉柄と葉軸に
腺毛、裏には
刺もある

135

■ 伝統園芸品種 Traditional Cultivars　　ナニワイバラ *Rosa laevigata*

果実は 9～10 月に橙赤色に熟す。「金罌子」の名で漢方薬として用いられる

果実は長さ 3.5～4 cm 洋梨型で、先端に腺のある剛毛が表面に密生する

瘦果

ハトヤバラ *Rosa laevigata* f. *rosea*

C2-2 ハトヤバラ

Rosa laevigata Michx. f. *rosea* (Makino) Makino
原記載：牧野富太郎（日本）in Makino & Nemoto, Cat. Jap. Pl. Herb. Tokyo Imp. Mus. : 224 (1914)

花 4月下旬〜5月初旬

花序：単生
花径：7〜8 cm
花色：桃色
芳香：弱い
花の数：1個

ナニワイバラの品種とされているが、おそらくはナニワイバラとコウシンバラの仲間の交雑種。ナニワイバラより樹勢が弱く、秋に返り咲きすることがある。

奇数羽状複葉

葉の全長 5〜10 cm

萼筒は無毛

小葉は3個

萼片と小花柄には先端に腺のある剛毛がある

原寸大

表面は無毛、光沢がある

葉柄と葉軸に腺毛、裏には刺もある

裏面は無毛

托葉 ナニワイバラと違い、半ばほどまで沿着する

■ 伝統園芸品種 Traditional Cultivars　モッコウバラ Rosa banksiae

C3-1 モッコウバラ

■ *Rosa banksiae* R.Br.
原記載：ブラウン（イギリス）Hort. Kew., ed. 2 [W.T. Aiton] 3 : 258 (1811)

白花八重咲き品種をモッコウバラと呼ぶ。日本への導入は江戸時代（1760年）とされる。常緑低木。つる性で6~7 mまで伸び、全体に刺も毛もない。中国南西部に自生する白花一重咲きの *R. banksiae* var. *normalis* Regel は刺がある。黄花八重のキモッコウと黄花一重の *R. banksiae* f. *lutescens* Voss はモッコウバラと同様に刺がない。幹が古くなると樹皮が剥離する。

花序：散房花序
花径：2~2.8 cm
花色：白色
芳香：野生種ほど強くないが、ニオイスミレのようなよい香り
花の数：5~10個

萼片は卵状披針形、全縁
短い綿毛で覆われる
小花柄は長さ2~3.5 cm、細く、無毛
わずかに軟毛がある
果実

キモッコウ *Rosa banksiae* f. *lutea*

C3-2 キモッコウ

Rosa banksiae f. *lutea* (Lindl.) Rehd.
原記載：レーダー（アメリカ合衆国）
Bibliography of cultivated trees and shrubs ; 316（1949）

■ 伝統園芸品種 Traditional Cultivars

C4 カイドウバラ

Rosa × *uchiyamana* Makino
原記載：牧野富太郎（日本）Bot. Mag. Tokyo 22：163 (1908)
コウシンバラの仲間 × ノイバラ

花序：散房花序
花径：4～4.5 cm
花色：桃色
芳香：弱い
花の数：
3～10 個

原寸大

コウシンバラの仲間とノイバラの交雑品種と言われる。和名はカイドウ（海棠）の花に似ることから名づけられ、学名は東京大学附属小石川植物園園丁、内山富次郎にちなむ。

萼片表面は腺毛とわずかに軟毛がある

萼裂片の縁に1～2の小さな裂片がある

卵状披針形

小花柄は長さ1～2 cm、軟毛で覆われる

萼筒はわずかに軟毛がある

1cm

雌しべはノイバラのように長いが、花柱が1つに合着せず有毛なのはコウシンバラの特徴

カイドウバラ　*Rosa* × *uchiyamana*

奇数羽状複葉
葉の全長 7〜10 cm
小葉は 5〜7 個、
長さ 3〜5 cm

托葉はコウシン
バラに似る

果実はやや
大きめ

瘦果

■ 伝統園芸品種 Traditional Cultivars

C5 ショウノスケバラ

Rosa multiflora Thunb. f. *watsoniana* (Crép.) Matsum.
原記載：松村任三（日本）Bot. Mag. Tokyo 10：165 (1896)
　　　　クレパン（ベルギー）
　　　　Bull. Soc. Bot. Belg. 27：96 (1888)

花序：円錐花序
花径：0.8〜1 cm
花色：淡桃色
芳香：弱い
花の数：5〜50 個

雌しべの花柱はノイバラと同じく無毛。柱頭は褐変して萎むことが多く、結実しない

ショウノスケバラ　*Rosa multiflora* f. *watsoniana*

春　冬

托葉は櫛の歯状にはならず、上部まで沿着する。葉軸に伏毛と腺毛が密生し、葉裏も伏毛で覆われる

托葉

　世界でいちばん花が小さいバラ。その由来は謎に包まれている。1878年頃、アメリカのアーノルド樹木園にこのバラが持ち込まれ、そこから標本がベルギーの植物学者クレパンに送られた。
　日本では1896年、松村任三が植物学雑誌にこう記した。
「キンシイバラ」
一名「ショウノスケバラ」ハ
Rosa Watsoniana Crép. ナリ。
白耳義國立植物園長
薔薇ノ專門家クレピン氏ノ
命名記述スル所。
然レドモ氏ハ園養ノ變生
ナルノヲ知ラズコハ全ク
「ノイバラ」ノ變化物ナリ。
余カ庭ニ其一株ヲ栽植ス。
葉ハ披針状ノ三小葉
ヨリ成リ面ニ白斑ヲ印ス。
Rosa multiflora Thunb.
var. *Watsoniana* (Crép.)
Matsumura
トスルノ價値モアラザルベシ。

　本当にノイバラの枝変わりか、日本生まれか、そうだとしたら誰がアメリカへ持って行ったのか？ ショウノスケとは誰なのか？
　謎は尽きないが、日本生まれの珍しいバラとして海外でも知られている。

■ 伝統園芸品種 Traditional Cultivars

C6 フイリテリハノイバラ

■ *Rosa luciae* Franch. & Rochebr. ex Crép. 'Variegata'

花序：円錐花序
花径：2〜2.5 cm
花色：白色
芳香：弱い
花の数：1〜20 個

江戸時代の園芸書「草木錦葉集」(水野忠暁 1829 年) に木版図入りで「錦茨　野薔薇　初より紅かけ見事是ハ野ばらなり」と記されているのと同じ品種ではないかと思われる。欧米でも 1900 年代はじめ頃から記録があり、栽培されていたらしい。

　花柱が有毛なのでノイバラ由来でないことは確かだが、小葉数がほぼ 7 個で小花柄や萼筒に腺毛が多いため、テリハノイバラ由来であるかどうかは疑問がある。開花期は遅く、6 月上旬。

テリハノイバラ品種　*Rosa luciae* cv.

C7 チョウジザキテリハノイバラ

■ *Rosa luciae* Franch. & Rochebr. ex Crép. 'Anemone Form'

花序：円錐花序
花径：2.5〜3 cm
花色：白色
芳香：弱い
花の数：1〜10 個

托葉

古い文献ではこの品種の記録が見当たらず由来は不明だが、盆栽や山野草として流通している。小さく刈り込んで栽培されることが多いが、つるばらとして仕立てることもできる。開花期は遅く、関東地方の平野で6月中旬頃。雄しべがほぼすべて弁化しており、結実はしない。花柱は1本に合着して表面は有毛。葉の特徴などから、テリハノイバラ由来の品種であることは間違いないと思われる。

■ 伝統園芸品種 Traditional Cultivars　イザヨイバラ *Rosa roxburghii*

C8 イザヨイバラ

Rosa roxburghii Tratt.
原記載：トラッティニック（オーストリア）Rosac. Monogr. 2：233 (1823),
　　　　as *R. roxburgii*

花序：単生
花径：6〜7 cm
花色：濃桃色
芳香：弱い
花の数：1 個

サンショウバラに近縁な中国の野生種 *Rosa roxburghii* f. *normalis* Rehd. & E.H.Wilson から生まれた八重咲き品種（p.119 参照）。四季咲き性があり、秋まで開花が見られる。

奇数羽状複葉

小葉は 9〜11 個

葉の全長 6〜9 cm

小葉の全長 1.5〜2 cm

C9 マイカイ

Rosa maikwai H.Hara
原記載：原寛（日本）
J. J. B. 32 : 315 (1957)

花序：集散花序　芳香：強い
花径：6〜7 cm　花の数：3〜5 個
花色：濃桃色

中国原産のハマナス交雑品種で、花弁を茶、酒等の香りづけや菓子等の食用に用いる。葉脈がハマナスほど深く凹まないのが特徴。中国語でマイカイ（玫瑰）は本来「赤い宝石」を意味するが、転じて広義ではバラの総称、狭義ではこのバラを指す。中国各地で品種改良が進められ、さまざまな品種が栽培されている。

奇数羽状複葉
葉の全長 9〜13 cm
小葉は 7〜9 個
小葉の全長 3〜5 cm

学名索引

Rosa
  acicularis...96
    var. *nipponensis*...102, 107
  adenochaeta...31
  amblyotis...90, 95
  banksiae...138
    f. *lutea*...139
    f. *lutescens* ...138
    var. *normalis*...138
  bracteata...108
  brunonii...37
  canina...4
  chinensis
    var. *spontanea*...2
    'Koushin Rose'...133
  davurica...95
    var. *alpestris*...90, 95
  foetida...3
  fujisanensis...76
  gigantea...2
  hirtula...114
  ×*iwara*...128, 129
  jasminoides...64, 69
  laevigata...134
    f. *rosea*...137
  luciae...38, 43, 58, 128, 130
    f. *glandulifera*...44
    f. *yonaguniensis*...48
    var. *hakonensis*...69
    'Anemone Form'...145
    'Variegata'...144
  maikwai...147
  ×*makinoana*...126, 128
  marretii...90, 95
  micro-onoei...52, 57
  ×*mikawamontana*...124, 128
  ×*misimensis*...122, 128
  ×*momiyamae*...128
  moschata...37
  multiflora...20, 25
    f. *watsoniana*...142, 143
    var. *adenochaeta*...26, 31
    var. *cathayensis*...25
  nipponensis...102
  onoei...52, 57, 69, 127, 128
    var. *hakonensis*...64, 69
    var. *oligantha*...58, 128
  paniculigera...70, 75, 127, 128
  polyantha...20, 25
  ×*pulcherrima*...128
    nothovar. *kanaii*...128
    nothovar. *multionoei*...128
  roxburghii...146
    f. *normalis*...119, 146
  rugosa...84, 128, 130
  sambucina...32, 37
    var. *pubescens*...37
  sempervirens...3
  stellata
    var. *mirifica*...5
  ×*uchiyamana*...140
  virginiana...4
  watsoniana...143
  wichuraiana...38, 43
    var. *glandulifera*... 44
  yakualpina...52, 57

和名索引 ※太数字は写真解説ページ

F・J・グローテンドルスト…89
アズマイバラ…4, 57, **58**, 63, 69, 75, 128
イーズリーズ・ゴールデン・ランブラー…43
イザヨイバラ…2, 119, 132, **146**
イヌノイオイバラ…52, 57
オオサクラバラ…128
オオタカネイバラ…96
オオタカネバラ…4, **96**, 101, 107
オオフジイバラ…58, 63
カイドウバラ…**140**
カカヤンバラ…3, 4, 107, **108**, 113
カラフトイバラ…**90**, 95
キモッコウ…138, **139**
コウシンバラ…107, 132, **133**, 137, 140, 141
コバノテリハノイバラ…126
コハマナシ…129
コハマナス…128, **129**
サンショウバラ…5, 81, 107, **114**, 119, 132, 146
ショウノスケバラ…**142**
ターナーズ・クリムゾン・ランブラー…25
タカネイバラ…102
タカネバラ…4, 101, **102**, 107
チョウジザキテリハノイバラ…**145**
ツクシイバラ…**26**, 31
ツクシサクラバラ…31
テリハアズマイバラ…128
テリハコハマナシ…130
テリハコハマナス…128, **130**
テリハノイバラ…4, 31, **38**, 43, 44, 48, 63, 81, 101, 122, 126, 128, 130, 144, 145
ドウリョウイバラ…128
ドッグローズ…3
ナニワイバラ…2, 132, **134**, 137
ニオイバラ…52, 57
ノイバラ…4, **20**, 25, 26, 31, 43, 58, 63, 74, 101, 107, 122, 128, 129, 140, 143, 144
ハトヤバラ…**137**
ハマナシ…84, 89
ハマナス…**84**, 89, 92, 95, 98, 101, 107, 128, 129, 130, 131, 132, 147
ヒメテリハノイバラ…126
フイリテリハノイバラ…**144**
フィンブリアータ…89
フジイバラ…4, 63, **76**, 81, 118

フルテミア・ペルシカ…2
マイカイ…147
ミシマノイバラ…**122**, 128
ミネハハ…43
ミヤコイバラ…4, **70**, 75, 124, 127, 128
ミヤコテリハノイバラ…128
ムスクローズ…3
モッコウバラ…2, 132, **138**
モリイバラ…4, 57, 63, **64**, 69, 128
ヤエヤマノイバラ…108, 113
ヤクシマイバラ…52, 57
ヤブイバラ…4, **52**, 57, 62, 63, 69, 126, 127, 128
ヤブテリハノイバラ…**126**, 128
ヤブノイバラ…128
ヤブミヤコイバラ…**127**, 128
ヤマイバラ…4, **32**, 37, 124, 128
ヤマテリハノイバラ…58, 62, 63
ヤマミヤコイバラ…**124**, 128
ヨナグニテリハノイバラ…**48**
リュウキュウテリハノイバラ…43, **44**, 48
ロサ・
 アビッシニカ…3
 アルウェンシス…3
 ヴァージニアーナ…4
 オメイエンシス…2
 カニーナ…3, 4
 ガリカ…3
 カロリーナ…4
 ギガンテア…2
 キネンシス・スポンタネーア…2
 クリノフィラ…3
 ステラータ…4
 ステラータ・ミリフィカ…5
 スピノシッシマ…3
 センペルウィレンス…3
 バンクシアエ・ノルマーリス…2
 フォエティダ…3
 ブルノニー…3
 ペルシカ…2
 ミヌティフォリア…4
 ムルティフローラ・カタエンシス…25
 ムルティフローラ・カルネア…25
 ムルティフローラ・プラティフィラ…27
 モエジー…2
 レシュノールティアナ…3
 ロクスブルギー・ノルマーリス…2, 119

野ばらを楽しめるバラ園ガイド

　野にある可憐な花として、また、華やかな園芸品種のバラの祖先として、野ばらは静かに注目を集めています。園芸品種のバラは長い歴史を経て完成され、もうこれ以上の発展は難しいか、とも思われますが、野ばらの中に新しい遺伝資源を見つけ出そうとしている育種家もいます。野ばらを多く見られるバラ園・植物園をご紹介します。

◆佐倉草ぶえの丘バラ園

　緑豊かな佐倉市民の森に囲まれて、国内外のバラ蒐集家から寄贈された世界の野ばらと稀少品種を数多く保存しています。日本の野ばら全種類が見られます。
〒 285-0003 千葉県佐倉市飯野 820
The City of Sakura Rose Garden
(Kusabue-no-Oka)
820 Iino, Sakura City, Chiba 285-0003
TEL 043-486-9356, FAX 043-486-9356
https://kusabueroses.jp

佐倉草ぶえの丘バラ園

◆京成バラ園

　花いっぱいの整形式庭園を抜けて奥へ進むと、池のほとりに世界の野ばらが植栽されています。国内外の野ばらを多数見られます。
〒 276-0046 千葉県八千代市大和田新田 755
Keisei Rose Garden
755 Oowada-shinden, Yachiyo City,
Chiba 276-0046
TEL 047-459-0106, FAX 047-459-0348
https://www.keiseirose.co.jp/garden

京成バラ園

◆神代植物公園バラ園

野ばらの種数はあまり多くはありませんが、日本の植物園の中では最も古くから野ばらとオールドローズの植栽展示を行っています。
〒182-0017 東京都調布市深大寺元町 5-31-10
Jindai Botanical Gardens
5-31-10 Jindaiji Motomachi, Chofu City, Tokyo 182-0017
TEL 042-483-2300, FAX042-488-5832
http://www.tokyo-park.or.jp/jindai/

神代植物公園

◆国営越後丘陵公園

香りのばら園が有名ですが、「日本の野生ばらのエリア」があり、日本の野ばらのほとんどを見ることができます。
〒940-2082 新潟県長岡市宮本東方町字三ツ又 1950-1
Echigo Hillside Park
1950-1, Mitsumata, Miyamoto-Higashikata-machi, Nagaoka City, Niigata, 940-2082
TEL 0258-47-8001, FAX 0258-47-8002
http://echigo-park.jp/

国営越後丘陵公園

◆浜寺公園ばら庭園

昔ながらの日本の風景を再現したバラ園に、全国の自生地から収集した野ばらが植栽されています。日本の野ばら全種類が見られます。
〒592-8346 大阪府堺市西区浜寺公園町
Hamadera Park Rose Garden
Hamadera-kouen-cho, Nishi-ku, Sakai City, Osaka, 592-8346
TEL 072-261-0936, FAX072-261-2263
http://barateien.com/

浜寺公園ばら庭園

草ぶえの丘バラ園を中心にすすめてきました。一度
んの野ばらを見ることができますが、花の咲く時期はばら
です。4月下旬にオオタカネバラなど高山や寒い地域の野ばら
が咲きはじめ、だんだんに暖かい地域の野ばらが咲いて、6月半ば
のヨナグニテリハノイバラで締めくくりです。

もっともデリケートな作業が要求されるのは、花の内部の撮影で
す。単純に断面を出しただけでは、大事な雌しべが切断されてしま
います。雌しべを傷つけないように、カミソリの刃を慎重にあてて
いきます。仕上げは顕微鏡をのぞいて確認。慣れないうちは、失敗
の連続でした。

タカネバラの花は貴重で、結局、バラ園のバックヤードで大切に
されていた鉢植えから花を頂戴しました。最後の一輪。失敗したら
あとがない。カミソリの刃をもつ手が震えました。本書ができてもっ
とも喜ばしいのは、もうあんなにドキドキする撮影をしなくてよい
ということです。

園芸界では主役級のバラですが、野外では雑に扱われがちです。
刺が嫌われて、むしろ邪魔もの扱いされることも。でもよく観察す
るといろいろな種類があって、ときには雑種にも出会えます。山に
登れば、高山植物にまぎれて咲くピンク色の野ばらも魅力的です。
本書ではたくさんの写真を贅沢に使って、花のない季節でも特徴が
わかるように工夫しました。春夏秋冬、野ばら探しを楽しみましょう。

大作晃一

【参考文献】

- Rehder, A. (1940) Rosa. Manual of Cultivated Trees and Shrubs. 2nd ed. pp. 426-451. MacMillan. New York
- Rowley, G. D. (1967) Chromosome Studies and Evolution in Rosa, Bulletin du Jardin botanique National de Belgique / Bulletin van de Nationale Plantentuin van België Vol. 37, No. 1, pp. 45-52
- Krüssmann, G. (1982) Roses, B. T. Batsford Ltd., London.
- 日本の野生植物・木本1（平凡社, 1999）
- 樹に咲く花―離弁花〈1〉山渓ハンディ図鑑3（2000, 山と渓谷社）
- Flora of Japan IIb（Kodansha, 2001）
- Flora of China（Vol. 9, p. 339）http://www.efloras.org/florataxon.aspx?flora_id=2&taxon_id=128746)